KB151473

천년의 부엌에서 맛을 긷다

교방꽃상

박미영의 교방음식 이야기

박미영 지음

한국음식문화재단

차례

2장 촉석루에 올라보니, 잔치로구나

3장 계절 곳간 열리다, 제철 음식

4장 오방색의 향연, 진주 꽃상

5장 조정 인재의 창고, 진주 명가 내림손맛

6장 근대를 거닐며 진주를 맛보다

7장 책 속에 맛이 있다

박미영

3대째 진주의 과방지기(세프) 집안에서 태어나 전통 손맛을 익혔다. 영남 지방의 내로라하는 명가 노유분들을 일일이 찾아다니며 조선시대 진주성 경상우병영의 음식인 “교방의 맛”을 완성했다.

‘한식세계화’라는 구호를 창시해 한식의 날 제정의 틀을 쌓았다. 광화문 광장에서 수만 명의 인파가 몰린 ‘한국식문화세계화대축제’를 주최하는 등 한식전도사로서 앞선 활동을 이어가고 있다.

경상국립대학교에서 식품영양학 박사학위를 취득했고 현재 한국음식문화재단 이사장으로 재직 중이다.

저서 <아름다움에 반하고 맛에 취하다>, 경남일보 연재 칼럼 『박미영의 교방음식 이야기』, <진주비빔밥 「꽃밥」에 관한 論告>, <진주비빔밥 「꽃밥」의 정체성에 관한 硏究> 등을 출간했다.

진주 기생들의 섬세한 손끝으로 만든 진주교방음식

조선시대 진주는 한양에서 보름이나 걸리는 먼 길이었습니다. 임금의 눈치를 보지 않아도 좋았기에 지방관들의 음식 사치는 극에 달했습니다.

넘치도록 먹고, 마시고 누렸습니다. 궁중 밥상이 지방만 못하다고 역정을 낸 명나라 사신의 이야기도 조선왕조실록은 기록하고 있습니다.

바다를 지키는 수군통제영에는 이순신 장군같은 최고 직위의 통제사가 있었고 육지를 지키는 병마절도영에는 절도사가 부임했습니다. 특히 임진왜란 이후, 진주성 경상우병영은 국토를 지키는 천혜의 요새였습니다.

진주교방음식은 진주성 병마절도영의 나리들을 위해 차린 잔치음식입니다. 고려·조선시대 기생을 양성했던 관아 기관인 교방의 기생들이 만들었습니다. 진주 기생들이 섬세한 손끝으로 빚어낸 진주교방음식은 크기가 작고, 모양이 정교하며 서정적인 맛입니다.

잔치는 주로 촉석루에서 벌어졌습니다. 촉석루는 왜장의 목을 끌어안고 산화한 논개의 충절 어린 남강을 마주하고 있습니다. 전시에는 장수가 올라 호령하던 지휘소였고, 태평성대에는 잔치의 장소이기도 했습니다.

사나흘에 한 번씩 차려야 했던 교자상의 가격을 지금으로 환산하면 수백만 원에 육박합니다.

백 가지 맛이 난다는 소고기, 신선한 남해 바다의 활어회, 지리산 송이버섯, 죽순 등 가장 향기롭고 좋은 것은 모두 진주성으로 들어왔습니다.

진주 토박이로서 오랜 기간 진주의 맛을 연구해왔습니다. 진주교방음식을 복원하고 재현하는 데 스무 해가 넘게 걸렸습니다.

궁중음식이 서울 양반가의 음식과 교류했듯, 진주교방음식 역시 진주를 본으로 하는 명가인 강, 하, 정씨 가문의 음식들에서 유래됐습니다.

진주의 노유분들께서 들려주신 이야기 속에는 음식 하나하나마다 맛을 내는 비법도, 애틋한 사연도 깃들어 있습니다.

2022년부터 경남일보에 연재했던 칼럼들을 모아 책으로 엮었습니다.

그간 도움을 주신 종가 어르신들, 종부님들, 특히 진주화반의 형성과정을 상세히 알려주신 K기업가정신의 수도인 지수마을 김해 허씨가의 어르신들, 고문서 번역에 도움을 주신 국내 최고의 한문학자 허권수 경상국립대학교 명예 교수님께 이 자리를 빌어 감사를 표합니다.

진주교방음식과 한식세계화를 위해 전폭적인 지지를 아끼지 않은 든든한 후견인인 남편 이성수 박사와 큰아들 혜민, 작은아들 혜원에게 이 책을 바칩니다.

2024년 봄, 매화꽃 날리는 날
진주 서재에서 박미영 올림

추천사

'교방꽃상' 책의 간행을 축하드립니다.

저자 박미영 박사는 진주 지역에 내려오는 교방문화를 문헌으로 고찰하여 잠자고 있던 교방음식을 복원 재현해 오고 있는 학자입니다. 한식 연구와 세계화에도 큰 뜻을 품고 일하고 있습니다.

2022년에 '아름다움에 반하고 맛에 취하다'의 출간으로 교방음식 문화를 세상에 알려「역사와 문화가 있는 한국 전통음식 고전」이라 찬사를 받은 바 있습니다.

교방꽃상은 빛깔과 맛이 아름답다 하여 불리는 상차림입니다. 식재료가 풍부한 고장 진주의 산해진미를 담아냅니다. 정성을 다해 만들고 곱게 썰어 먹는 자를 배려합니다.

맵지도 짜지도 않은 것이 특징입니다. 음식의 태態가 예뻐 '눈으로 먹고 입으로 한 번 더 먹는다'고 했습니다.

박미영 박사는 천년이 넘은 진주 화반의 역사를 추적하는 일이 자신의 뿌리인 진주 정신을 찾는 길이었으며 화반의 복원은 사명이었다고 이야기합니다.

진주를 본으로 하는 사대부들을 찾아다니며 비법을 직접 듣고 재현했으며 30여 년간 천 번도 넘게 만들어 봤다고 술회하고 있습니다.

저자의 학문에 대한 열정뿐 아니라, 격조 높고 빼어난 음식 솜씨는 한식 세계화에도 크게 기여할 것으로 기대됩니다.

끝으로 끊임없이 온 힘 다해 후원하시는 가족들에게도 감사드리며 '교방꽃상' 간행을 진심으로 축하드립니다.

갑진년 초여름에

前명지대학교 교수 조후종

1장

진주화반花飯, 천년의 베일을 벗다

진주의 소울푸드 진주화반

계사년, 그해에도 진주성 능소화는 눈물 같은 꽃잎을 뚝뚝 떨궜으려나.

진주성 전투는 위대한 혈전이었다. 진주성으로 피난 온 백성들까지 무려 7만 명에 이르는 조선인이 무참히 학살된 16세기 동북아 최대의 전쟁이었다.

진주성 비빔밥에는 진주의 역사와 혼이 담겼다. 군관민이 울먹이며 먹었을 전쟁터의 비빔밥은 절망의 허기를 채워준 최후의 만찬이었다. 진주성 비빔밥은 이 산하를 지켜낸 숭고한 생명들의 마지막 이야기다.

송나라의 골동갱을 차용한 조선의 골동반

고문서에서 가장 많이 발견되는 비빔밥의 명칭은 골동반이다. 조선시대 선비들의 필독서였던 송나라의 〈성리대전〉 중 '골동갱'이라는 기록을 차용했다. 비빔밥은 어지럽게 섞인 모양을 표현해 골동반骨董飯, 혼돈반混沌飯이라고 하였다. 놀러갈 때 먹는 비빔밥은 반유반盤遊飯, 제사 때 먹는 비빔밥은 사반社飯이었다. 용도별로 구분한 이름이다.

진주화반
진주의 소울푸드

소리 나는 대로 부배반, 부뷔음, 부븸밥으로도 쓰였다가 20세기 초 한글학자들에 의해 비빔밥이 되었다.

그중 진주비빔밥은 특별히 꽃처럼 아름답다 하여『화반花飯』이라고 했다. 화반이 처음 등장하는 문헌은 조선 중기 충신 박상의 <눌재집>이다. 미군정 시대에는 화반이 고급 요정의 메뉴로 올랐다. 화반은 비비지 않고 나물과 고명을 꽃처럼 올린 것이다. 비빔밥, 초반(볶음밥)과는 다른 메뉴였다.

천년의 시간을 잇는 진주 화반

진주화반에는 진주의 특산물이 도합 18가지나 들어간다. 레시피도 까다롭다. 열 가지나 되는 나물은 각각 조리법이 다르다. 무치고, 데치고, 볶는다. 재료들이 모여 완성된 맛을 내려면 밥짓기부터 세심한 주의가 필요하다. 나물의 수분기를 감안하여 일반 밥보다 물을 조금 적게 붓는다. 반드시 무압으로 지어야 한다. 압력밥솥의 고압은 수분이 적게 들어가 밥이 빨리 말라버려 비빔밥의 질감을 떨어뜨린다.

지리산의 흙이 키워낸 각종 나물과 남도바다의 속데기가 어우러진다. 곱게 양념한 육회는 고소하다. 참바지락을 참기름에 볶은 잘박한 보탕국은 천연조미료다. 송이버섯을 얹는 것도 특징이다. 송이는 조선시대 진주에 속했던 산청현 삼장면의 것을 최고로 쳤다.

대대로 터를 이루며 살아온 천년의 시간. 진주화반은 진주의 소울푸드다.

진주화반의 유래는 진주 강씨 혈식제례

“높으신 하늘의 덕은 소리가 없어도 생물이 그로 인해 살아갑니다. 나라의 근본은 식량에 있으며 사람이 그로 인해 살아갑니다. 봄을 맞아 수확을 기원하오니 상제帝의 은혜가 아니면 백성들이 무엇을 의지하리이까?”
<동국이상국집 권40>

고려의 문신 이규보가 남긴 하늘 제례天祭의 축문이다. 천제는 천자인 임금만이 지낼 수 있었다. 얼마 전 방영된 대하드라마 『고려거란전쟁』에서도 현종이 원구단에서 하늘에 제례를 올리는 장면이 연출되었다. 생고기를 진설하는 모습도 면밀히 고증됐다.

국가의 제례나 성현을 받드는 제사에는 날 것 그대로를 쓴다. 생고기의 향을 흠향歆饗한다는 유교식 제사다. 날 것을 차려 받드는 위인을 혈식군자血食君子라고 한다. 조상 중 혈식군자가 없으면 양반이라 해도 종가라고 부르지 않을 정도로 혈식군자는 문중의 위상이다.

진주화반
강민첨 장군의 혈식제사에서 유래된

진주 강씨는 우리나라에서 가장 오래된 성씨로 단일본이다. 고구려의 강씨가 진주로 이주한 것은 통일 시대 강진姜縉이 진양의 제후가 된 7세기였다. 이때부터 본관을 진주로 하였다.

전 세계에서 육회를 밥과 같이 먹는 유일한 음식인 진주화반은 진주 강씨 가문에서 유래되었다. 시조인 고구려 강이식(538~?) 장군과 거란을 물리친 귀주대첩의 숨은 공신 은열공 강민첨(963~1021) 장군의 혈식제사다. 비빔밥에 관한 최초의 기록인 500여 년 전, 박동량의 〈기재잡기〉보다 훨씬 오래된 천년의 전통이다.

강민첨 장군은 진주 토박이로 고려의 명장이었다. 전쟁에서 승리하자 고려 현종은 장군의 공로를 인정하여 식읍食邑 300호를 제수하였다. 진주 서쪽 하동군의 악양, 화개 지역이다.

은열공은 제수 받은 식읍 300호를 모두 진주목에 기증했다. 1021년 은열공이 세상을 떠나자 진주 백성들은 자발적으로 은열공의 탄생지에 사당『은열사』를 세워 추모했다.

선짓국, 순대, 갑회도 혈식제사의 잔재

강이식 장군의 위패를 모신『봉산사』, 강민첨 장군의 사당인『은열사』에서 올리는 제향에 소고기 최상위 부위를 네모지게 토막내 날 것으로 진설한다. 후손들과 유림들이 모여 천년이 넘도록 제례를 이어오고 있다. 제례를 마치면 소고기를 나누어 음복하였다. 선대로부터 내려오는 진주화반의 원조다.

진주에서 혈식제사를 올리는 가문은 강, 하, 정씨 문중이다. 다른 곳은 돼지머리를 생으로 올리나 특이하게 강문에서만 소고기를 진설한다. 소고기 사랑이 각별했던 고구려 문화로 추측

된다. 혈식의 잔재는 육회 외에도 매우 가깝게 찾을 수 있다. 선짓국, 순대, 간이나 처녑을 날로 먹는 갑회 같은 것들이다.

사당을 세워 혈식을 올리는구나,

은열사의 주련(기둥에 써붙이는 글씨)에는 혈식을 올린다는 내용이 새겨져 있다. 조선 전기 문장가 유호인兪好仁(1445~1494)이 썼다. 문중이 보유한 가장 오랜 문서는 1727년 영조 임금 기에 편찬된 〈정미보진설도〉다.

전통을 기리기 위해 진주 강씨 대종중 측은 지난 봄 음복비빔밥 행사를 열었다. 강문은 고을의 수령을 지극히 접대하는 전통이 있었다. 병마절도사나 목사 외에도 수령을 보필하는 군관들의 상은 따로 차렸다. 육회를 얹은 비빔밥은 최고의 접대식이었다.

진주의 명가인 강, 하, 정 가문끼리 혼맥이 얽히면서 강문의 비빔밥은 담을 넘었다. 진주화반은 그렇게 탄생됐다.

비빔밥 한 그릇이 쌀 한 가마니 값

好事腰間帶。褲帶一條。或直萬錢

허리띠 호사를 좋아하여 1만 전을 쓴다.

兼能骨董烹。豪富夏月骨董飯一盌之費。至六百錢

부자들이 여름에 먹는 골동반 값이 600전이다.

<낙하생집 책18권>

조선은 인구의 절반이 노비였다. 부유층은 노비의 노동력을 기반으로 자산을 증식해갔다. 사치가 의식주 곳곳에서 도를 넘었다. 부동산은 한양의 가옥이 최고였다. 귀양을 갈 때도 팔지 않고 전세를 놓고 떠났다.

희귀한 기록은 비빔밥이다. 조선시대 부유층의 비빔밥은 일상식이 아닌, 특식이었다. 성호 이익(1681~1763)은 비빔밥은 아무리 먹어도 좋지만, 국밥처럼 배불리 먹는 음식이 아니라고 했

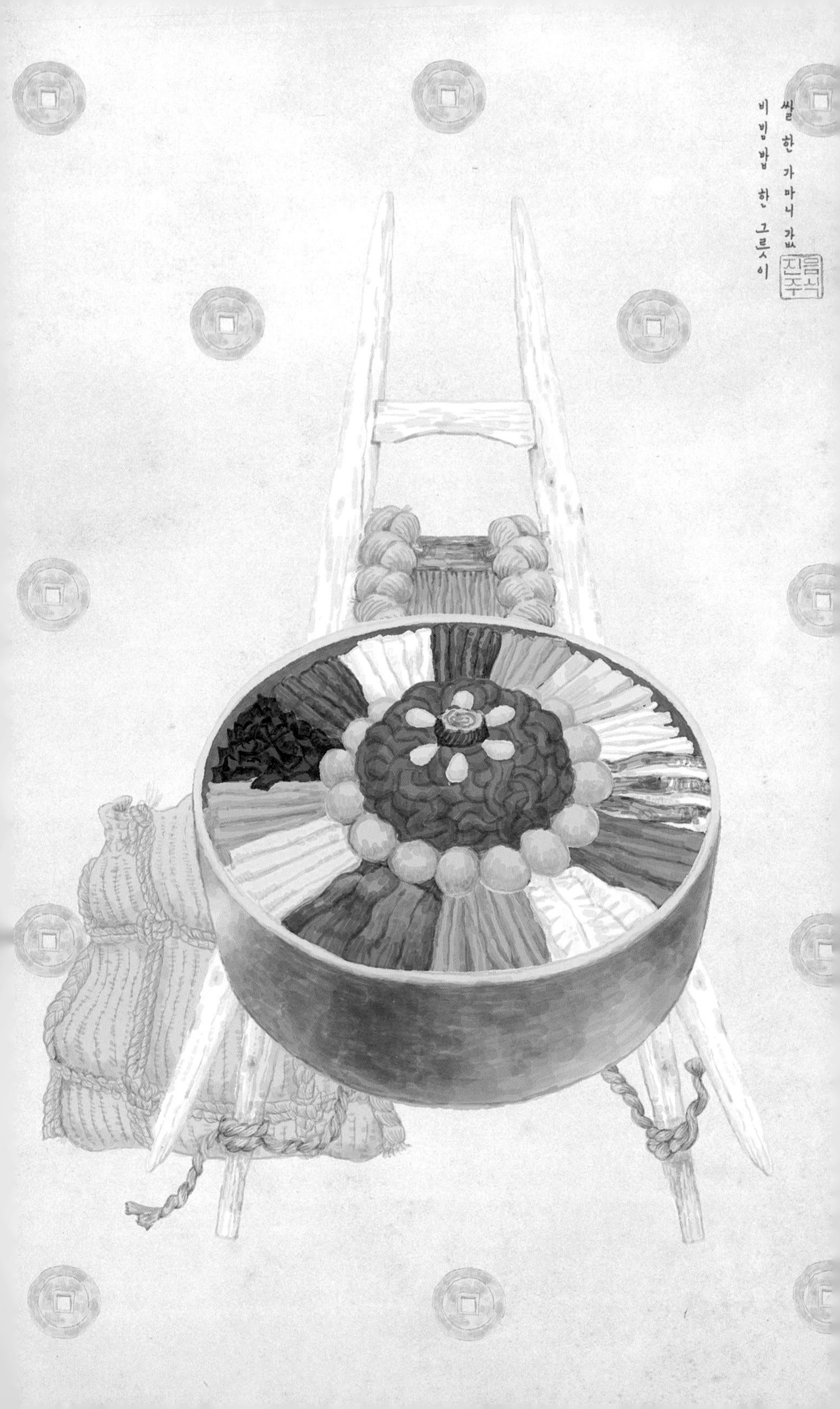
쌀 한 가마니 값
비빔밥 한 그릇이
음식
진주

다. 문신 이학규(1770~1835)는 부자들이 혁대 사치를 좋아하여 혁대 값이 1만전이나 되며, 양반이 여름에 먹는 비빔밥 가격이 600전에 달한다는 세태를 꼬집었다.

600전을 오늘날의 화폐 가치로 정확히 환산하기는 어렵지만, 조선시대 쌀 가격과 비교해보면 대략 40만원 정도이다. 최고급 뷔페나 코스요리를 먹을 수 있는 금액이다. 적은 양, 즉 한 젓가락 음식이었던 부유층의 비빔밥은 부의 상징이자 희소성이었다.

진주화반, 18가지의 원칙

진주는 가문마다 비빔밥에 대한 자부심이 대단했다. 재료가 어찌나 많은지 밥에 꽃 피운『화반』이라고 했다. 진주비빔밥이 화반이 된 것은 18가지 고명을 꽃처럼 올렸기 때문이다. 예나 제나 귀한 재료인 송이버섯, 소고기 육회를 미리 비벼 모양을 망가뜨리기엔 아까운 재료가 아닐 수 없다. 일종의 과시이기도 했을 것이다.

20여 년 전 진주 화반을 찾아 헤맬 무렵, 진주 반가의 어르신들은 “진주화반은 재료가 많고 값이 비싸 식당에서는 판매할 수 없는 음식이다, 도합 18가지가 들어가야 진주화반이다.”라고 단단히 일러주셨다. 나는 어르신들의 소중한 증언을 수첩에 깨알처럼 적곤 했다.

진주화반은 시각과 미각, 청각까지 행복한 예술품이다. 반드시 구리와 주석의 비율을 78:22로 합금한 전통 유기에 담는다. 조선시대 진주목에 납품하던 함양 꽃부리징터의 유기는 수저와 부딪쳐 맑은 소리를 낸다. 화반을 먹는 순서는 숟가락으로 유기를 살짝 쳐 청아한 소리를 듣는 것으로 시작한다.

신분의 확실한 구분이었던 『진주화반』. 프랑스의 법관 출신 브리야 사바랭Jean Anthelme Brillat-Savarin이 다가와 나직이 속삭인다.

"당신이 무슨 음식을 먹었는지 말해 보라,
당신이 누구인지 알려주겠다."
브리야 사바랭 저, <미식예찬> 중

임금이 내리던 선물, 소고기 육회

우리 민족의 소고기 사랑은 역사가 장구하다. 1976년 평안남도 남포시 강서구역 덕흥리에서 발굴된 고구려의 유적에는 다양한 벽화와 함께 묘지명도 발견되었다.

"무덤을 만드는 데 만 명의 공력이 들었고, 날마다 소와 양을 잡아서 술과 고기, 쌀은 다 먹지 못할 정도"라는 내용이다.

우리 조상들은 이미 삼국시대부터 소고기를 즐겼고 조선시대 '소 한 마리에서 백 가지 맛이 나온다'고 할 정도로 뛰어난 미각을 지녔던 것 같다.

불교를 국시로 한 고려에서도 제례 때는 생고기를 올리고 음복했다. 금수령으로 도축이 금지된 조선에서도 양반들은 소고기를 즐겨 먹었다. 소고기 중에서도 육회는 최고의 음식이었다. 조선의 숭유정책으로 사대부들이 육회의 맛을 향유한 것이다.

소고기 육회
임금이 내리던 선물

유교 경전 중 사신을 접대하는 예절을 모아놓은 <공식대부례公食大夫禮>편에서는 손님을 대접하는 사치스럽고 좋은 음식으로 육회를 올렸다. 성대하게 차려지는 가찬加餐의 음식이었다.

공자도 육회를 즐겼다. 유몽인의 <어우야담>에 따르면 임진왜란 때 조선에 주둔하던 중국 군사들이 우리의 육회 문화를 보고 더럽다고 침을 뱉자, 한 선비가 '<논어>에 짐승과 물고기의 날고기를 썰어 회를 만들었다고 했다, 공자께서도 일찍이 좋아한 것인데 어찌 그대의 말이 왜 그리 지나친가?'하였다.

신선한 육회는 소화흡수가 빠른 장수식

육회는 임금이 신하에게 내리는 선물이기도 했다. 조선후기 각 관청의 직무 등의 규정을 수록한 <육전조례>에는 임금이 신하들에게 전유어, 육회, 편육, 탕, 과일, 초장, 겨자 각 한 그릇씩을 내렸다.

서양의 육회는 다짐육에 올리브유와 소금으로 간을 한다. 타타르 스테이크다. 우리의 육회보다 몇 배 비싼 고급 요리다.

당일 도축된 신선한 육회는 영양소가 파괴되지 않아 노인들의 장수식으로 알려져 왔다.

진주의 육회문화는 과거 진주가 누렸던 풍요의 상징이다. 진주비빔밥이 차별화된 화반이 될 수 있었던 것도 양귀비꽃보다 더 붉은 육회 덕분이다.

한 줄기 황포묵에 담긴 사연

"조식의 사상은 바르지 못하여 그 문하에서 정인홍이 나왔다. 경상우도는 오로지 기개와 절조를 숭상하여 무신란 때 범법자가 많았으나 이황의 경상좌도는 범법자가 없었으니 등용함이 마땅하다."

<영조실록> 16년 12월 5일

1728년, 무신년의 난(이인좌의 난)은 조선을 전복 위기로 몰고 갔다. 영조의 정통성을 부인하는 궐기였다. 노비, 승려, 백정에 이르기까지 국민의 절반이 가담했다. 그러나 곧 관군에 의해 진압되었고 가담자는 모두 처형되었다. 미완의 혁명이었다.

진주의 남명학파는 북인 강경파였다. 반란 세력이었다. 광해군을 추대하여 정권을 잡은 남명학파는 인조반정으로 실각하였고 무신난을 계기로 완전 초토화됐다. 서인이던 노론이 정권의 중심에 섰다. 영조임금은 동서남북의 4색 당파를 골고루 등용하겠다고 공언했다. 탕평책이다.

〈서경〉에 나오는 '무편무당 왕도탕탕無偏無黨 王道蕩蕩 무당무편 왕도평평無黨無偏 王道平平'이라는 글귀에서 유래됐다. 질시와 반목, 논쟁에서 어느 쪽에도 치우침이 없이 공평함을 뜻한다.

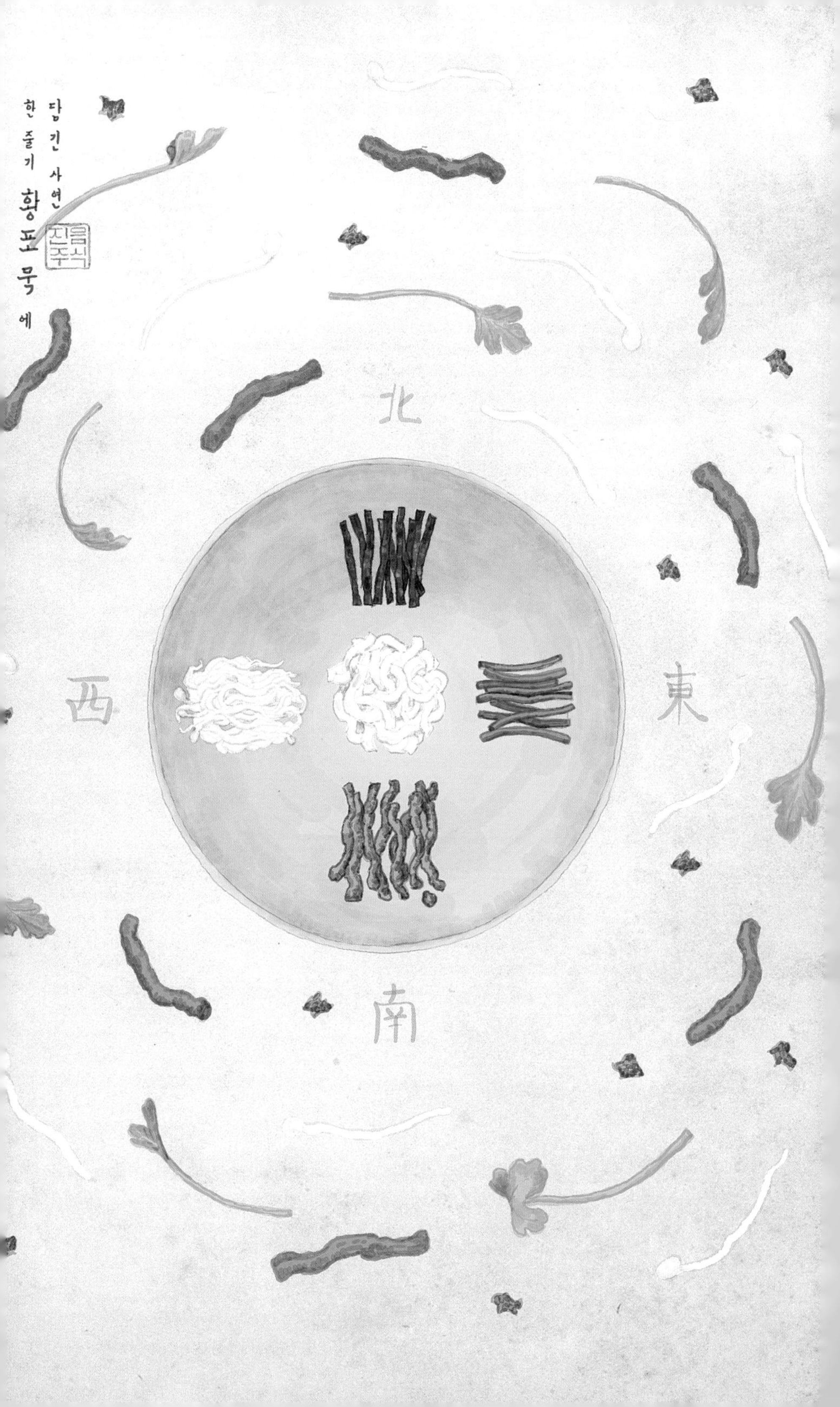
한 줄기 황포묵에
담긴 사연
음식
진주
北
西
東
南

그러나 영조의 탕평책은 입맛에 맞는 신하들을 호위 삼아 왕권을 강화하는 데 성공했을 뿐, 특정 당파에 대한 차별은 여전했다. 진주는 역차별을 당한 대표적인 곳이었다.

『속데기』와 『황포묵』은 역차별의 상징

청포묵에 여러 재료를 골고루 넣어 만드는 탕평채는 영조의 탕평책에서 유래되었다. 표면이 미끄러워 겉도는 묵에 갖은 양념으로 고기를 볶고, 숙주나물과 미나리를 부드럽게 데치고, 모든 재료가 잘 섞이도록 구운 김을 부수어 무친다.

탕평채의 4색은 하늘의 동서남북을 지키는 청룡青龍 · 백호白虎 · 주작朱雀 · 현무玄武의 상징이다. 동인은 청룡을 상징하는 푸른 미나리, 서인은 백호의 흰빛인 숙주, 남인은 불을 상징하는 붉은 소고기, 북인은 검은 색의 김이다. 애당초 김은 없었다는 설도 있다. 북인을 아예 제외시킨 처사는 아니었을지.

탕평책 이후에도 극심한 차별을 받은 연유일까. 진주에서는 청포묵이 아닌 황포묵을 쓴다. 녹두의 푸른 빛이 도는 청포묵 가루에 물과 천연 염료인 치자즙을 섞어 선명한 노란 빛깔을 낸다.

진주화반에도 한정식집의 단골 메뉴인 야들야들하고 여러 재료들이 섞인 탕평채가 아닌, 손가락 마디만한 황포묵 하나가 오른다. 북인을 상징하는 속데기(돌김의 일종)도 진주화반에만 들어간다.

책을 덮고 현실로 나아가라 했던 남명의 실학정신. 쉽게 변하지 않고, 죽음 앞에서도 의를 지켜온 남명의 기질이야말로 진주를 진주답게 만드는 동력이다.

희귀한 진주배추 옥하숭玉河菘

"진주 옥하대에서 생산되는 배추인데 한 개의 뿌리가 직경 6~7촌으로 어찌나 부드러운지 땅에 떨어지면 조각조각 물이 될 정도이다. 이것은 희귀한 품종으로 목사인 민아무개가 대궐에 진상할 목적으로 욕심을 부렸으나 그곳의 농부들이 울며 고발하였다. 이 배추는 권력 있는 귀족들의 가혹한 수탈로 생산지가 적어지고 생활을 유지할 수 없게 되자 경작이 그치게 되었다."

최영년 <해동죽지> 155면

1921년의 기록이다. 저자 최영년은 1910년대 일제의 식민통치 시기를 '태평성대', '요순시대'에 비유한 친일파였다. 그는 73편의 지역『음식명물』을 시로 남겼다. 경남편에는 울산 전복, 부산 조개 등과 진주의 옥하숭 배추를 기록했다.

대궐에 진상할 목적으로 옥화숭을 갈취한 진주 목사 민아무개는 시기상 민병성閔丙星(1871~1924)으로 추론된다. 역시 친일파였다.

옥하승
음식 진주
희귀한 진주배추

조선의 배추는 모두 반결구인 단배추(얼갈이배추)였다. 결구배추는 일제강점기에 중국에서 수입된 외래종이다. 개성과 한양이 유명했고 일본은 나가사키 배추가 최고였다.

진주화반의 특징 중 하나가 단배추 나물이다. 단배추를 비빔밥 재료로 올리는 곳은 거의 없다. 대부분은 시금치다. 상추 같은 푸성귀를 생으로 올리기도 한다.

특정층을 위한 음식 『진주화반』

화반을 두고는 설전이 끊이지 않는다. 외식업이 발달하면서 미리 비비면 음식이 상할 우려가 있어 고명을 얹었다는 주장도 있다. 그러나 이미 1952년 미군정 시대에 화반은 비빔밥과 다른 메뉴였다. 당시 진주 장터비빔밥은 반가의 화반을 모방한 것으로 풀이된다.

일제강점기만 해도 진주의 단배추는 유난히 연하고 단맛이 났다. 단배추를 이용한 음식도 다양하게 발달했다. 속대로 쌈을 싸먹는 『숭심포菘心包』, 어린 속대를 된장에 풀어 끓인 『치숭탕穉菘湯』, 단배추 물김치는 『숭채제菘菜虀』라고 했다.

프랑스 음식 중 파피오트papillote는 기름종이에 싼 오븐구이다. 레스토랑에 가면 세프가 직접 막 오븐에서 꺼낸 따끈한 접시를 가져와 종이호일을 열십자로 잘라준다. 향기와 맛은 '당신이 주인공이고, 당신만의 위한 것'이라는 의미다.

잣고명 하나까지 흐트러뜨리지 않고 곱게 담은 화반에도 융숭한 대접의 뜻이 담겼다.

"이것은 아무도 손대지 않은 것입니다, 당신이 처음입니다."

1915년 진주 삼도정육점과 장터비빔밥

> "하얀 쌀밥 위에 색을 조화시켜 나를 듯한 새파란 야채 옆에는 고사리나물 또 옆에는 노르스름한 숙주나물 이러한 방법으로 가지각색 나물을 둘러놓은 다음에 고기를 잘게 이겨 끓인 장국을 부어 비비기에 적당할 만큼 그 위에는 유리 조각 같은 황청포 서너 사슬을 놓은 다음 옆에 육회를 곱게 썰어놓고 입맛이 깩금한 고추장을 조금 얹습니다."
>
> <별건곤>, '팔도명식물예찬', 1929년 12월 1일자

일제시대 육회비빔밥은 진주에서만 맛볼 수 있는 별미였다. 진주 우시장은 18세기에 이미 개설되어 있었다. 2일과 7일에 열렸다.

경술국치 후, 조선총독부는 한우 사육현황과 관리를 체계적으로 실시하여 축우개량사업을 전개해갔다. 1907년 진주와 함흥에 권업모범장의 종묘장이 설치되었다. 소의 사육두수는 1910년 전까지 60만 마리였던 것이 1920년에는 150만 마리로 2배 이상 증가하였다.

개량 한우는 가격이 저렴했다. 양반의 점유물이던 소고기가 서민에게도 기회가 주어진 것이다. 1934년 11월 12일자 『조선

장터비빔밥
삼도정육점과
1915년 진주
삼도
삼도정육점

중앙』에는 열 달 간 홍남시민이 먹은 소가 1천 두頭에 달한다는 기사가 실리기도 했다.

한 그릇에 10전, 헐값에도 남는 장사

1915년 1월 10일, 진주에 개량소고기를 전문적으로 취급하는『삼도정육점森島精肉店』이 문을 열었다. 엿새 후에는 개량소고기가 호평을 받고 있다는 기사가 올라왔다.

1934년 진주의 소고기 가격은 등급별로 100몸메(일본식 단위 1匁=3.75g)에 20전이었다.

20전 100몸매면 육회비빔밥 수십 그릇을 만들 수 있었다. 〈별건곤〉의 기사대로 한 그릇에 10전이라는 헐한 값에 팔아도 남는 장사였다.

진주의 장터비빔밥은 삼도정육점의 개점과 맞물린다. 〈별건곤〉보다 앞선 1923년 〈개벽지〉에 차상찬車相瓚(1887~1946) 문화운동가가 진주의 명물인 비빔밥을 먹었다는 기행문을 썼다. 중앙시장에는 비빔밥집이 즐비했다. 1966년 대형화재로 점포들이 잿더미가 되기 전까지 비빔밥과 냉면은 진주의 관광인프라 역할을 톡톡히 해냈다.

그러나 장터비빔밥이 진주의 상징이 되면서 진주의 전통 화반은 역사 속으로 사라지고 말았다.

나는 고문서를 뒤지며 진주 일대의 90대 노유분들을 찾아 이야기를 채집했다. 종부님들께 수십 차례에 걸쳐 손맛을 배웠다. 진주화반이 천년의 베일을 벗기까지 20여 년. 참으로 외롭고 긴 여정이었다.

일제시대 요릿집과 진주화반

1894년 갑오개혁은 조선을 뿌리째 흔들었다. 291년의 역사를 뒤로 진주성 병영도 폐지됐다. 이듬 해 진주성에는 진주관찰부에 이어 경상남도청이 들어섰다.

경상우도 병마절도영은 큰 규모의 관청이었다. 낙동강을 경계로 문경, 상주, 창원 등 31개 고을과 3개 진영, 조령산성(문경), 금오산성(구미), 독용산성(성주), 촉석산성 등 4개 산성의 군사를 총괄 지휘했다. 영남 서부의 사령탑이었다.

유동인구가 많아 상거래도 활발했다. 중앙시장이 활성화되면서 외식 수요가 늘었다. 반가의 음식들을 곁눈으로 배운 상인들은 장터에 음식점을 차렸다.

대표적인 것이 비빔밥집이었다. 그러나 반가의 화반을 모방한 비빔밥은 고급요릿집보다는 중앙시장으로 확대되어 갔다. 진주화반이 일제강점기 요릿집에서 인기를 끌지 못하고 시장으로 간 이유는 1,200년간이나 이어온 일본의 육식금지 문화 때문이었다.

진주화반
일제시대 요릿집과
음식
진주

일본이 육식을 하기 시작한 것은 1872년 메이지 일황이 육식금지령을 철폐한 이후부터다. 메이지 정부는 서양의 근대사상이나 생활양식을 적극적으로 도입하였다. 그중 서구적 영양섭취로서 가장 관심을 끈 것은 바로 식육이었다. 체격이 큰 서양인들을 본 메이지 정부는 부국강병 차원에서 육식을 권장했다. 도쿄 등 대도시를 중심으로 규나베(소고기전골)가 엄청나게 인기를 끌었다. 육식은 곧 개화의 상징이었다.

그러나 대다수 국민들은 고기를 먹을 정도의 수입이 없었고 육식문화와 오랫동안 단절되어 먹는 방법도 몰랐다. 일본의 고기 요리들은 규나베 외에는 독자적인 레시피를 가진 경우는 거의 없고 대부분은 서양에서 들어온 햄버거나 돈가스, 고로케 같은 서양식이거나 현지화 된 것들이 주를 이루었다.

"닌니쿠쿠사이 ニンニクくさ-い (마늘 냄새 더럽다)"

진주비빔밥이 시장으로 간 원인은 육회 문화 외에도 각종 나물에 들어가는 마늘 냄새가 원인이었다. 일본인들은 조선인을 향해 "닌니쿠쿠사이ニンニクくさ-い(마늘 냄새 더럽다)"라며 고개를 돌리며 조롱했다. "닌니쿠쿠사이"는 조선인을 상징하는 욕이었다. 조선의 아이들은 영문도 모른 채 고개를 숙였다.

군수물자를 만든답시고 솥단지까지 가져간 일제는 먹을 것이 없어 깡마른 국민학생들에게 놀이공 하나씩을 선물로 주었다. 대동아전쟁(태평양전쟁) 승리 기념이라고 했다. 그런 시절이었다. 성균관대학교를 설립하신 심산金昌淑(1879~1962) 선생댁 후손께서 들려주신 이야기는 가슴을 먹먹하게 했었다. 20년 전, 가을이 머물던 승산마을에서의 만남이었다.

젓가락 문화와 숟가락 문화의 차이도 컸다. 일본인들은 숟가락으로 비벼 먹는 문화 자체에 거부감을 가졌다. 그릇을 손에 들고 젓가락으로 집어먹는 일본의 문화는 무거운 유기도, 비벼먹는 문화도 수용하지 않았다.

백 년이 넘은 역사를 추적하는 일은 나에게 있어 진주정신을 찾는 작업이기도 했다. 진주에서 나고 자란 나에게 화반의 복원은 사명이었다.

화려하게 피어나 진주성을 수놓다, 진주화반

1929년 잡지 〈별건곤〉에는 진주비빔밥을 소개하면서 나물과 육회 등을 곱게 썰어놓고 마지막에 "입맛이 깨끔한 고추장을 조금 얹는다"고 했다.

진주의 비빔밥은 귀천과 빈부를 구분하는 하나의 잣대였다. 진주비빔밥에 대한 오해는 사실 〈별건곤〉에서 시작된다. 일제강점기 고추장을 올린 진주비빔밥은 대중화된 장터비빔밥이었다. 조금 얹는 것이 아니라 듬뿍 올렸다. 냉장고가 없던 시절, 육회의 신선도는 시간이 갈수록 떨어졌고 육회의 비릿한 맛을 상쇄하기 위해 고추장을 넣었다.

『진주화반』과 『진주 장터비빔밥』은 다른 음식

양반의 비빔밥은 달랐다. 싱싱한 육회거리는 언제든 공수됐다. 백정을 불러 주문하면 당일 도축된 고기가 들어왔다. 고추장의 강한 맛으로 재료 본연의 맛을 덮어버릴 필요가 없었다. 8가지 재료를 꽃처럼 얹고 싱싱한 육회와 송이버섯이 화룡점정畵龍點睛이다. 조갯살을 다져 만든 보탕국 양념으로 산과 바다가 완벽한 조화를 이룬다.

진주화반
진주성을 수놓다
화려하게 피어나

진주화반과 장터비빔밥은 다른 음식이다. 전통 화반이 장터비빔밥에 자리를 내준 것은 일제강점기였다. 임진왜란의 상흔이 깊은 진주에서는 일본인을 결사적으로 배척했지만, 불가항력이었다.

1906년 조선 이민을 알선하는 『한국권업회사』를 비롯해 『삼중백화점』 등 일본 기업이 득세했다. 천전동 일대 고급 요릿집도 단골손님은 거의 일본인이었다.

일본인들은 육회가 아닌 고래 고기를 즐겼다. 장터로 진출한 냉면은 요릿집까지 외연을 확대할 수 있었으나 비빔밥은 조선인을 상대로 장터에 머물렀다. 고급화될 수 없었다. 다만 서민 수요층이 두터워 보급화가 빨랐다. 신분질서가 붕괴되면서, 비빔밥집에는 양반도, 상인도, 백정도 출입했다.

당시 진주에는 장시가 활발했다. 새벽 재첩국을 팔러 온 하동 아지매도, 소금장수 사천 총각도, 나무전 지게꾼들도 비빔밥을 찾았다. 장터비빔밥은 진주의 명불허전이었다. 이때부터 진주를 상징하는 비빔밥이 화반이 아닌 장터비빔밥으로 변질되었다.

전통 화반은 여전히 관리의 별식이었고, 반가의 가정식이었다. 대가집 잔치와 제사 때나 구경할 수 있었다. 화반이 진주성으로 들어갈 수 있었던 것은 경성에서 부임한 관찰사와 진주 반가와의 친분 덕이었다. 진주의 예인 설창수 선생이 기록했듯, 관찰사는 밤바다 강, 하, 정 가문을 비롯한 진주 반가의 화반을 찾았다. 화반은 홀로 화려하게 피어나 진주성을 수놓았다.

K기업가 정신의 수도, 승산 부자마을 진주화반

부자를 꿈꾸며 치성을 올린다. 간절한 소망을 품은 관광객들의 발걸음이 이어지는 곳. 의령 남강지류의 솥바위다. 이 바위를 기점으로 20리 내에서 큰 부자가 나온다는 전설이 있었다. 삼성, 금성(LG+GS), 효성의 창업주들이 모두 이곳에서 탄생했다. 신묘한 일.

2018년 7월, 한국경영학회는 진주시를 대한민국 기업가 정신의 수도로 선포했다. 진주시 지수면 승산마을이다. 마을 중심에는 지수초등학교가 있다. 3대 재벌들 모두 이 학교에서 유년기를 보냈다. 삼성 이병철 회장은 승산 누이집에 유숙하며 수학했다. GS기업의 김해 허씨 가문은 600여 년 전, 성종임금 때부터 이곳에 터를 내린 토박이다. LG 창업주 구인회 회장과는 사돈지간이었다.

승산 부자마을 진주화반
K기업가 정신의 수도
효성
삼성
금성
삼성
GS
효성
GS
삼성
효성
LG
금성
GS
지수천

승산은 허씨 집성촌이다. 최고 부자도 허씨가였다. 제사를 마치고 나누는 봉송 음식만 사과 궤짝으로 수십 개나 됐다. 경성에서도 "진주는 몰라도 승산은 안다"고 했다. 허씨가는 구휼 활동에도 앞장섰다. 노블리스 오블리제의 표본이었다.

허씨가의 화반, 진주성으로 가다

구한 말, 김해 허씨가의 종손 허복許馥(1888~1973) 어르신과 민형식閔衡植(1875~1947) 관찰사는 친분이 깊었다. 이들을 연결해 준 것은 항일정신이었다. 민형식은 조선 최고의 갑부였던 친일파 민영휘의 양자였다. 그러나 조선을 집어삼킨 데라우치 총독 암살사건에 관여했다. 황현은 〈매천야록〉에서 "민영휘의 양자 민형식은 선비이므로 의리를 숭상하여 민영휘와는 거의 윤리를 상하는 상태에까지 이르렀다"고 했다.

허씨가는 진주 최초의 여성 고등교육 기관인 일신여고를 설립했고 안희제 선생의 백산상회에 자금을 댔다. 임진왜란 때 자비로 700의병을 모집해 진주성을 지킨 허국주(1548~1608) 선생의 후손다운 일이었다.

드나드는 과객도 많았다. 민형식 관찰사도 허씨가를 자주 방문했다. 화반은 관찰사를 대접한 음식이었다.

도라지, 고사리, 숙주나물에 담긴 항일정신

진주화반에는 도라지, 고사리, 숙주나물이 필수다. 곧은 뿌리를 내리는 도라지, 척박한 땅에서도 잘 자라는 고사리, 숙주는 청렴의 상징이다. 진주정신이고 항일정신이다.

송이버섯은 마을 뒷산에서 채취하곤 했다. 그러나 일제가 목재를 수탈해가자 아무것도 남지 않은 민둥산에는 황토빛의 공허함만 가득했다.

관찰사는 화반의 맛에 매혹됐다. 설창수 선생이 기록한 "밤마다 비빔밥을 찾던 진주성 벼슬아치"는 민형식이었다.

관찰사의 등쌀에 진주 기생들이 화반 제조법을 배웠다. 허씨가의 화반은 그렇게 진주 관아로 전파됐다. "옛날 진주 기생들은 화반만큼은 반드시 만들 줄 알아야 했다, 권번 스승들께 올리는 음식이 화반이었다. 도라지, 고사리, 숙주에 새겨진 진주정신을 배우는 것이 기예보다 우선이었다." 어린 시절부터 진주 권번에서 성장한 5대째 세습무인 정영만(남해안 별신굿 기능보유자) 선생의 생생한 증언이다.

진주 강씨 가문에서 시작해 진주 반가를 넘나들던 진주화반은 구한말 허씨가에서 완성됐다. 항일정신의 표상으로서, 진주의 소울푸드로서 자리를 굳혔다.

노기老妓들의 종착지, 상봉동 비빔밥촌

북평양, 남진주라 했다. 진주기생에 관한 이야기다. 논개, 산홍 등 애국과 충절로 명성을 날렸고 기생 만세운동도 진주가 최초였다.

그러나 1914년 2월 27일 매일신보에 "진주 기생들 정신 좀 차리라"는 기사가 실렸다. 학교에 다니는 어린 여아들까지 기생조합으로 몰려든다는 내용이다. 원인은 가난이었다.

진주에는 한양까지 남의 땅을 밟지 않아도 갈 수 있었다는 김기태, 정상진 같은 부자 외에도 부유층이 많았다. 당시 부유층의 풍조는 경치 좋은 비봉산 자락 밑에 근사한 기와집을 짓고 기생첩을 여럿씩 들여 유유자적 풍류를 즐기는 것이었다. 기생첩은 주로 화초기생들이었다. 화초기생이란 가무는 부족해도 용모가 빼어난 기생들이다.

기생첩으로 들어가면 식솔들까지 끼니 걱정은 하지 않아도 좋았다. 기생첩들은 주인 나리를 따라 산천을 유람했고 멀리는 일본, 중국까지도 갔다. 기생첩은 부의 과시였다. 구전으로 떠돌던 『진주난봉가』도 이 시기에 완성된 것으로 보인다.

상봉동 비빔밥 촌
노기들의 종착지
음식 진주

『난희집』, 『난심이집』, 『송자집』 기생들의 손맛

기생첩은 끝끝내 정실부인이 될 수 없었다. 유력 인사의 첩실들은 바깥양반의 관심이 시들해지면 얼마간의 보상을 받아 장사를 시작했다. 자본력 없는 기생들은 옥봉동에 실비집을 차렸고 한 밑천을 받고 물러난 기생들은 상봉동에 모였다. 상봉동에는 노기老妓들이 운영하는 비빔밥집들이 성황을 이루었다. 외상제였다. 교사. 공무원 할 것 없이 북새통이었다. 월급날이면 비빔밥값을 받으러 오는 한복 차림의 기생 사장님들이 교무실에 장사진을 이뤘다. 『난희집』, 『난심이집』, 『송자집』 등 기생의 이름을 딴 상호를 내걸었다.

"비빔밥은 난희가 잘 만들었지" 매상을 가장 많이 올린 곳은 노유분들이 이구동성으로 말씀하신 『난희집』이었다.

상봉동 비빔밥은 장터비빔밥보다 한 단계 업그레이드된 수준이었지만, 화반이 될 수는 없었다. 화반을 만들어 팔면 이윤이 남지 않았다. 고추장만큼은 쌀로 담갔다. 밀로 만든 엿고추장 보다 고급이었다.

상봉동 비빔밥은 기생들의 상술도 한몫했다. 짙은 화장과 눈웃음, 손님을 기분 좋게 만드는 칭송 한 마디가 해방 전후 힘든 시절을 보내던 박봉의 교사들에게 위로가 되었다.

90대 노유분들도, 비빔밥을 팔던 기생들도 이젠 고인이 되셨다. 그러나 그분들의 이야기가 모여 그간 전설로만 내려오던 화반이 복원될 수 있었음은 분명하다.

대하소설 토지 속 진주비빔밥

마당 한구석에 짐을 내려놓고 가겟방으로 들어간 그는
"여기 비빔밥 한 그릇 주소." 서울네가 힐끗 쳐다본다.
심부름하는 아이가 밖을 향해 "비빔밥 하나아!"하고
소리를 질렀다.

<토지> 3부 3권

대하소설 〈토지〉는 일제강점기 진주의 기록되지 않은 역사다. 박경리 선생은 허씨가에서 설립한 진주 일신여고를 다녔다. 직간접 체험으로 진주를 섬세히 그렸다. 〈토지〉 3부의 연도가 1919~1929년이고 박경리 선생이 진주에 거주한 시기는 1930년대다. 당시 진주비빔밥은 호황기를 누렸다. 최남선 선생이 〈조선상식문답〉에서 진주는 비빔밥이 유명하다고 했던 때도 1937년이었다.

최참판댁 노비 김이평의 아들 두만은 서울에서 첩을 얻어 진주로 귀환한다. 첩의 이름을 딴 『쪼깐이네』는 술도 팔도 비빔밥, 국밥도 파는 주막이었다.

진주비빔밥과 선짓국
대하소설 토지 속
진주 음식
晋州驛
깐이네 酒

솥에서는 선짓국이 북적북적 끓고, 놋 국자로 미리 담아 놓은 밥 위에 국을 부어 내간다. 국밥에는 양념장이 놓인다. 진주에서는 땡초(청양고추의 경상도 방언) 양념을 즐긴다.

해방 전후까지도 주막과 음식점은 분화되지 않은 모습이다. 주모가 큰 가마솥을 걸어놓고 국밥을 말아주는 조선시대 주막과 크게 다르지 않다.

〈토지〉는 소주를 마신 후 비빔밥을 먹는 선주후반先酒後飯의 진주 문화 한 가닥도 놓치지 않는다.

1910년대, 진주비빔밥의 명성이 전국에 알려지기 시작하면서 여기저기 무허가 비빔밥집들이 난무했다. 박경리 선생이 "진주에는 기생이 날파리보다 많다"고 하였듯, 비빔밥집도 한 집 걸러 하나일 정도로 즐비했다. 육회만 얹으면 진주비빔밥이 되었다. 지리산 산청에서 새벽마다 나물을 이고지고 오는 아낙들은 일찌감치 난전에 자리를 잡았다. 선지는 도축장에서 쉽게 구할 수 있었다.

비빔밥 장사는 호황이었다. 소설 속 두만이가 호사를 누릴 수 있었던 기반도 비빔밥 장사였다.

> "비빔밥 장사를 하면서 번 돈도 많았지만 그만큼 노력도 컸으니 안방 세간의 호사쯤이야 별것도 아닐 테지만 안방의 의걸이며 경대가 모두 최상급이고, 이불장에는 양단 요이불이 가득 들어차 있었다."
> <토지> 3부 3권

음식점 주인은 주로 여성들이었다. 생계를 위해 쉽게 할 수 있는 일이 음식 장사였다. 1933년 진주의 음식점은 무려 1,300

여 개나 되었다. 그러나 태평양전쟁이 한창이던 1941년, 일제는 진주의 무허가 음식점을 철저히 단속해 철폐령을 내렸다. 쌀 수탈을 위한 『조선미곡통제령』이었다. 그해 조선에서 생산된 쌀 2,152만 석 중 43%가 공출됐다.

삶은 더 팍팍해졌다. 징용 나가는 아들의 주먹밥 몇 개 뭉치고 나면 남은 식솔들은 풀죽으로 연명할 수밖에 없었다.

민족의 노래 아리랑마저 금지되었던 그때, 목메어 불렀던 진주의 희망가가 아직도 녹슨 철로를 따라 메아리친다.

"노리랑, 노리랑, 노라리요… 노리목 고개를 넘어간다" •

• 일제가 금지시킨 아리랑을 박봉종 선생이 개작한 것으로 진주 용호공원에 노래비가 있다.

과방지기 외할머니와 진주화반

그 밤은 칠흑이었다. 한 발의 총성은 하루 아침에 집안을 풍비박산 냈다. 독립군을 숨겨주었다는 이유로 일경에 끌려간 지아비는 끝내 돌아오지 않았다. 지아비의 시신을 수습하며 숨소리조차 내지 못했던 어린 아내. 내 외할머니의 이야기다.

반가의 여식이었던 할머니는 딸과 두 아들을 홀로 키워야 했다. 차마 음식점을 차릴 수는 없어 장사가 아닌, 과방지기•로 나섰다. 대물림해온 손맛은 이미 사천, 남해까지 입소문이 난 터였다.

잔치마다 예약이 들어왔다. 사람이 많은 잔칫집 과방에서 북적이다 보면, 조금은 지아비를 잊을 수 있었다. 과방은 할머니에겐 도피처이기도 했다.

할머니는 광천 동씨 가문의 외동딸이었다. 일찍 지아비를 여읜 할머니를 사람들은 "동가댁"이라고 불렀다. "잔치에는 동가댁"이라는 말도 있었다.

• 과방은 잔치에 음식을 차리고 내가는 곳이다. 과방의 마스터셰프를 과방지기라고 하였다.

진주화반
음식 진주
과 반지기 외할머니와

할머니는 말수가 적으셨다. 마음속 한恨이야 이루 표현할 수 없었으련만 자식 앞에서 눈물을 보이는 법이 없으셨다. 어린 딸은 오지 않는 아버지를 기다리며 가만히 엄마의 치맛자락을 잡고 잠들곤 했다.

3대째 이어오는 외할머니의 레시피

여름철 무는 단맛이 없고 쓰다. 무나물은 외할머니 때부터 내려오는 비법대로 쌀뜨물에 살짝 삶아 쓴맛을 없앤다. 할머니가 알려주신 어머니만의 레시피였다. 어머니가 만드신 진주화반의 맛이 사철 동일했던 것은 외할머니가 전수해주신 독특한 레시피 때문이었다.

할머니는 원칙을 고수하셨다. 반가음식의 특징 중 하나는 잣가루 양념이다. 고추장에 넣어 약고추장을 만들고, 장산적 같은 밑반찬을 낼 때도 솔솔 뿌리면 한결 고급스럽다.

할머니는 잣을 다질 때, 반드시 칼을 높이 수직으로 쳐내곤 하셨다. 대충 다지면 잣의 기름이 빠져 맛이 덜하다는 이유였다.

진주화반에만 들어가는 속데기 무침도 할머니만의 비법이 내려온다. 속데기는 돌김과 비슷하지만 바다에서 채취하는 자리도 다르고 질감이나 향의 차이가 크다. 조리시 주의하지 않으면 치아가 부러질 수 있을 정도로 억세 손질이 매우 중요하다. 속데기를 방망이로 살짝 두들겨 사이사이에 낀 바다의 작은 돌을 제거하고 살짝 구워 비린내를 제거한다. 알맞은 크기로 찢어 반드시 채수와 육수 두 가지를 준비해 부드럽게 만든다.

할머니의 화반에는 고사리가 아닌, 울릉도 고비가 올랐다. 어머니도 그랬다. 울릉도는 구한말 진주성 도청사가 관할했던 곳이다.

고비는 고사리보다 부드럽고 값도 비싸다. 내가 진주화반에 반드시 울릉도산 고비만 고집하는 것은 할머니 손맛의 정통성을 지키기 위해서다. 고비를 데쳐 말리는 봄이면, 할머니의 주름진 손이 가만히 내 어깨를 다독이는 것만 같다.

과방지기 어머니와 진주화반

과방은 항상 굉장했다. 신기했고 재밌었다. 어린 나는 어머니를 따라 다니며 잔치의 풍경들을 보았다.

어머니는 동네 잔치마다 과방을 맡아 음식을 총지휘하셨다. 대대로 내려오는 과방지기에 대한 자부심이었을까. 어머니는 보수를 받지 않는 조건으로 과방지기를 선뜻 수락하시곤 했다. 경남 일대에서 유명했던 과방지기 외할머니에 이어 어머니는 잔치음식의 프로듀서 역할을 기쁘게 감당하셨다. 음식은 어머니의 취미이자 특기였다.

가마솥 가득 진귀한 떡이며 호박죽 같은 음식들을 장만해 이웃에 돌리시곤 했다. 심부름은 내 몫이었다. 음식이 맛있다며 수고했다고 내 머리를 쓰다듬던 이웃 어른들의 손길은 아직도 유년의 뿌듯한 추억으로 남아 있다. 음식은 나누고 베푸는 것이라는 어머니의 철학도 나에게 큰 울림이 되어 왔다.

어릴 적, 내가 보았던 잔치에는 나물이 산더미처럼 쌓여 있었다. 진주화반의 재료들이었다. 진주에서는 잔치 때 국수가 아닌 떡국이나 화반을 냈다. 좀 산다 싶은 집에서는 화반이었다.

진주화반
과방지기 어머니와
음식 진주
탕탕탕
탕탕탕
탕탕탕
탕탕탕
탕탕탕
탕탕탕

과방에는 고사리며 도라지가 푸짐했고 미리 장만해둔 애호박은 질펀해지지 않도록 껍질을 돌려 깎아 준비했다. 화반은 재료들이 정해져 있었다. 생채는 없고 모두 숙채여서 일일이 다듬어 씻고, 볶고, 무쳤으며, 데쳐냈다. 콩기름, 참기름, 들기름은 당일에 바로 짜서 사용했다. 요즘 잔칫집 뷔페처럼 여러 음식 냄새가 섞인 느끼함은 없었다.

어머니의 원칙, 아직도 큰 울림으로 남아

더운 날의 잔치에는 고기를 익혀서 냈고 겨울에는 육회를 무쳐 화반에 담았다. 남정네들과 집안 어른의 화반에는 고기를 더 많이 넣었다. 오십년 전만 해도 남존여비는 밥상에도 당당히 올랐다.

나는 화반 한 그릇에 담긴 밥과 나물, 육회의 분량을 습관처럼 눈대중으로 익히곤 했다. 지금도 각종 국내외 행사에서 1만여 명분 이상의 비빔밥을 만들 때도 입을 대지 않고 눈대중과 냄새로만 간을 보는 것은 어머니 덕분이다. 어머니는 쩝쩝 소리를 내며 음식에 양념을 더하는 것을 질색하셨다. 초고추장을 망사에 걸러 재활용하는 횟집, 냉수에 조미료를 타 해물육수랍시고 내놓는 냉면집도 어머니의 미각에서 정확히 걸러졌다.

사람의 침이 섞인 음식은 온갖 세균의 온상이고 음식하는 사람으로서의 자세가 아님을 늘 일깨워 주셨던 어머니. 어머니를 따라 과방을 다니던 날도 벌써 오십년이 훌쩍 넘었고 나는 외할머니, 어머니에 이어 삼대째 셰프가 되어 있다.

진주화반을 뭉갠 주범, 1972년 문화재관리국

진주화반에 관한 오해는 1972년 문화재관리국이 발간한 〈민속종합보고서〉에서 출발한다. 당시 인터뷰는 장터비빔밥을 대상으로 진행되었다.

아무리 장터비빔밥이라고 해도, 난데없는 레시피를 등장시켜 진주비빔밥을 격하시킨 점은 심히 유감스럽다.

밥을 고기육수로 짓는다느니, 나물을 바락바락 주물러 까바지게 무쳐야 간이 제대로 밴다느니 하는 내용이다.

진주화반은 모든 나물이 숙채로 들어가므로 반드시 밥을 고슬고슬하게 지어야 한다. 육수로 밥을 지으면 화반 특유의 산뜻한 맛이 사라진다. 나물에서 뽀얀 물이 나오도록 바락바락 주무르면 나물죽이 되어버린다. 어디서 유래했는지 이 레시피는 참으로 괴이하기까지 하다.

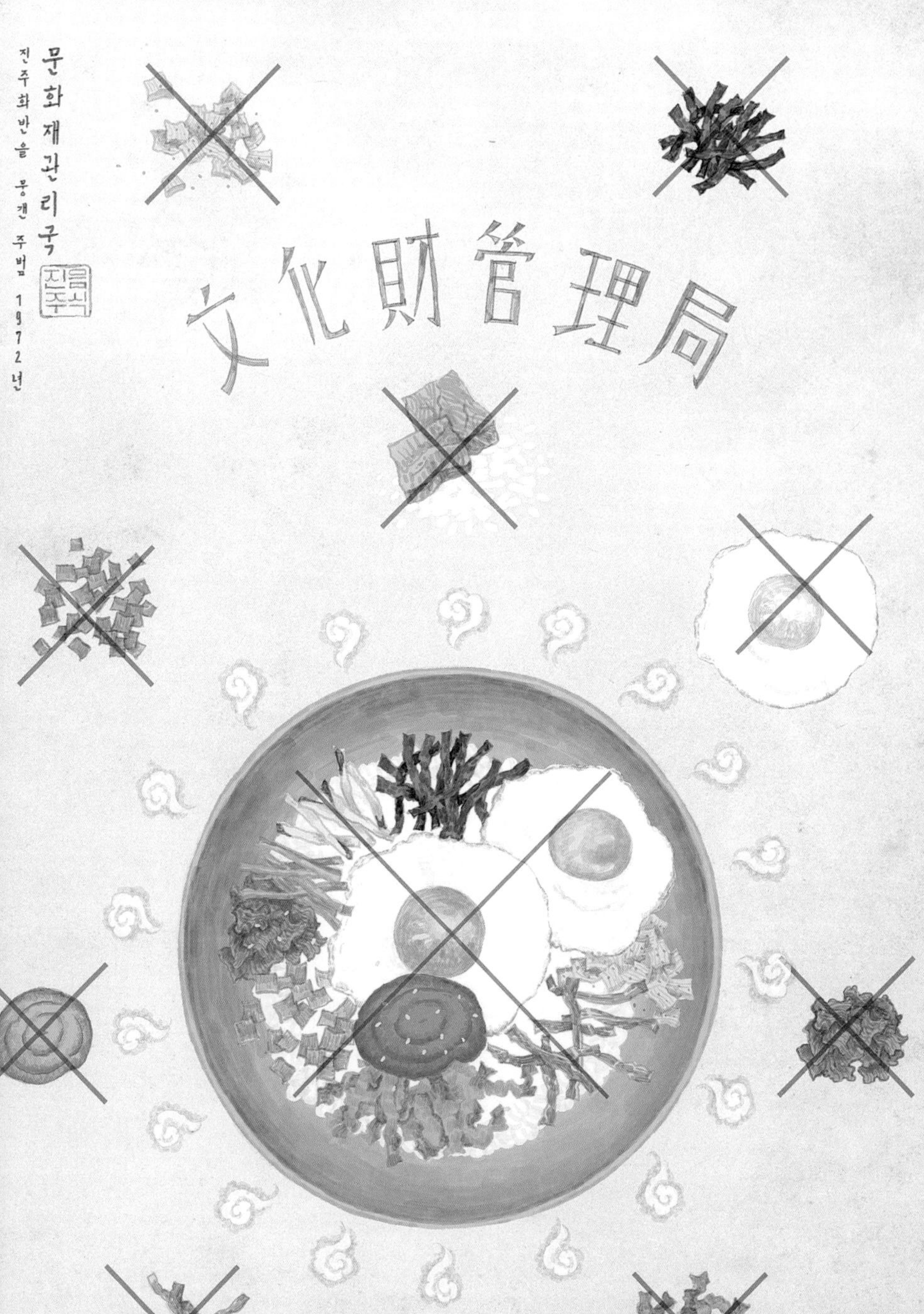

문화재관리국
음식지주
진주화반을 몽갠 주범 1972년
文化財管理局

아무나 만들 수도, 먹을 수도 없었던 『진주화반』

나물 무치기는 한식 중에서도 가장 어려운 종목이다. 특히 화반은 열 가지나 되는 나물들이 모두 숙채로 들어가 조리법이 까다롭다. 어느 것 하나 겉돌지 않고 조화를 이루려면 오랜 내공이 필요하다.

잔열을 감안하여 덜 볶는 나물이 있고, 손목 스냅을 이용해 무치는 나물이 있다. 소금간이 있고, 국간장이 있으며, 청장이 있고, 어간장이 들어가는 재료도 있다. 단배추 나물은 섬유소가 파괴되지 않도록 소금물에 빨리 데쳐 얼음물이 담갔다가 조물조물 무친다. 영양소를 파괴하지 않고, 최적의 맛을 내는 과학이다.

진주화반은 재료 준비도 손이 많이 간다. 제철 채취한 죽순, 고사리나 고비는 데쳐 말리고 표고버섯은 햇볕에 널어 자연건조 시킨다. 종부님들께 배운 레시피의 고전은 조선 후기 빙허각 이씨가 쓴 〈규합총서〉의 내용 그대로였다.

> "소의 내장인 감바지고기, 고동줄기, 삶은 선지 등을 오래 끓여 단 맛이 나며 고사리, 숙주, 콩나물, 장아찌외(참외의 일종) 등 나물거리를 넣고 건지가 많은 국을 만든다
> 이것을 보탕국이라 부른다."

민속보고서는 보탕의 개념조차 잘못 이해하고 있다. 보탕은 참바지락을 다져 참기름에 볶은 잘박한 천연조미료다. 곁들이는 탕과 구별된다. 위의 내용은 보탕이 아닌, 장터비빔밥에 딸려 나오는 해장국이다. 이쯤 되면 오류가 아니라 차라리 모독이다.

<한국민속종합조사보고서>는 진주비빔밥을 처참히 뭉개놓았다. 문제는 이러한 내용이 전국을 떠돌며 확대 재생산되어 고정 레시피가 되어버린 것이다.

몇 년 전, 화반 복원을 기념하여 그간 도움을 주신 진주의 노유분들을 모시고 시연회를 가졌다. 그날, 고려말 충신 김자수 선생댁 후손께서 당부하신 한 마디는 아직도 가슴에 남아 있다.

> "진주화반은 아무나 만들 수도 없고, 아무나 먹을 수도 없었던 음식입니다. 꼭 기억하십시오."

2장

촉석루에 올라보니, 잔치로구나

꽃상, 풍류를 담다

조선시대 진주는 인근 14개 지역을 속현으로 거느린 경남의 중심이었다. 진주 교방음식은 기예에 빼어난 진주 기생들이 교방에서의 공연 준비와 함께 높은 관리들을 위해 만든 접대식이다. 마치 꽃밭 한 상을 받은 듯 모양과 빛깔이 아름다워 『꽃상』이라 하였다.

1894년 〈진주읍지〉에 따르면, 진주 꽃상은 한양 백성들의 백일치 밥값에 버금가는 큰 금액이었다. 사흘에 한 번은 잔치가 벌어졌다.

조선시대 음식이 발달했던 지역은 주로 큰 관청이 있던 곳이다. 진주는 행정목아, 병마절도영, 감영 등 관청이 즐비하여 높은 관리들의 왕래가 잦았다.

특히 지방관들은 중앙 관리에게 잘 보여야만 재임용될 수 있었으니, 최고의 만찬으로 성의를 표하며 줄서기를 했다. 추천인이 없으면 관리직을 연임할 수 없었던 조선의 제도 또한 뇌물공세에 불을 지핀 원인이었다.

꽃상
풍류를 담다

한양에서 진주까지 천리길. 진주를 방문한 중앙 관리들은 융숭한 식사 대접을 받았고, 당대 최고의 공연까지 감상할 수 있었다.

궁중보다 더 호사스러웠던 지방관의 밥상

진주는 지리산과 남해 바다를 접해 재료가 흔했고 일찍 장시가 발달해 유통도 활발했다. 찬연한 교방음식은 진주가 지닌 화려함과 풍요의 상징이었다.

지방관의 밥상은 정해진 첩수대로 차려지는 궁중음식보다 더 호사스러웠다. 인조 23년 2월 19일 〈승정원일기〉에는 궁중의 접대상을 받은 명나라 칙사가 불같이 화를 낸 기록이 있다. 음식이 지방만 못하다는 이유였다. 조정은 속히 대처해 찬饌을 늘렸다.

진주 꽃상은 남도풍의 서정이 깃든 독보적 맛과 멋을 지녔다. 아름다움에 반하고 맛에 취한다.

K-POP 등 한류 열풍으로 한식이 인기를 끌면서 된장, 간장, 젓갈 등 우리의 발효과학에 세계인의 관심이 집중되고 있다. 진주 꽃상에는 어리굴젓, 잡젓, 대구알젓, 조기젓에 진석화젓까지 올랐다. 굴 삭힌 물에 간장을 넣어 3일 동안 가마솥에 달여 붓는 진석화젓은 어리굴젓보다 2배 이상 비쌌다.

교방음식은 작게 썰어 예쁘게 담아낸다. 주안상 위주로 차려져 기름지지 않고 담백한 맛이다. 반드시 차려야 하는 정찬正餐과 사치스러운 음식상인 가찬加餐으로 나누어 차린다.

산과 바다가 결마다 곱게 내려앉은 꽃상은 진주의 풍류다.

1780년 봄날 촉석루 잔치

촉석루에 계절이 든다. 가히 영남 제일의 누각이다. 지난 시간을 용서하듯 봄꽃이 곱게 아른댄다. 영화와 치욕을 두루 포용한 촉석루는 왜란 때 장수가 올라 명령하던 군사지휘 본부였다. 태평성대에는 진주의 교방문화가 절정을 달했다.

사신과 관료들이 묵어가던 평안동 객사 서편에 진주 교방 『백화원』이 있다. 교방은 큰 고을에만 설치됐고 진주처럼 규모가 큰 곳은 기생을 꽃이나 봄에 비유하여 백화원百花院, 장춘원藏春院, 어화원語花院과 같은 별칭이 붙었다. 기생 전용공간도 별도로 마련되었다. 잔치는 음식준비로 시작됐다. 기생들은 교방에서 공연을 준비하며 잔칫상도 차렸다.

1780년 봄, 다산 정약용은 진주성을 찾았다. 진주성 경상우병영의 병마절도사 홍화보가 다산의 장인이었다.

홍병사는 사위 정약용을 반가이 맞는다. 비장裨將(병사를 보좌하던 무관 벼슬)들을 불러 분부하기를 "내일 촉석루에서 크게 잔치를 열 것이다."하였다.

矗石樓
촉석루 잔치
진주

"아무개 너는 음식 장만을 담당하여라. 술이 향기롭지 않거나 회가 맛이 없으면 너에게 벌을 내릴 것이다."

> "아무개 너는 음악 연주를 담당하여라. 노래 소리와 곡조가 화평하고 부드럽지 않거나 슬프고 음이 낮거나 연주가 급박하면 너에게 벌을 내릴 것이다."
> "아무개 너는 곱게 단장한 기생들을 담당하여라. 무릇 〈포구락拋毬樂〉과 〈처용무處容舞〉 등이 음률대로 되지 않으면 너에게 벌을 내릴 것이다."

잔치의 순서는 음식, 소리, 춤

다산의 기록與猶堂全書에서 진주 꽃상의 흔적을 찾는다. 진주에서 '고기'라는 말은 생선이었다. 소고기나 닭고기는 '육고기'로 구별해 표현했다. 교방 꽃상에는 싱싱한 남해의 산물들이 사철 푸짐하게 올랐다. 특히 새벽 바다에서 갓 잡은 회는 가장 신경을 써야 할 음식이었다. 최고품은 식감이 쫄깃한 도미였다. 도미는 살을 발라 회로 뜨고 대가리는 조린다. 맛에 취해 첩이 도망쳐도 모른다는 '돔장'이다.

촉석루에 꽃상이 차려지고 풍악이 울린다. 잔치의 시작은 음식이었고 그 다음이 소리요, 마지막이 춤이었다. 진주는 춤보다는 소리다. 동편제의 발상지가 남원이었다면 소비처는 진주였다.

꽃상 가운데는 신선로가 끓고, 조개구이, 별어탕, 대구전 같은 따뜻한 음식과 찬 음식이 조화를 이룬다. 진주의 명품꿀로 빚은 박계(계수나무 이파리처럼 만든 약과)와 대나무 이슬로 담은 추로술이 일품이고 각양각색의 화전도 곱다. 진주성 병마절도사가 베푸는 진수성찬이 꽃상 가득인 날, 오늘은 잔치다.

1884년 11월 24일, 미국인 관리가 받은 꽃상

1894년은 길었다. 열강의 힘겨루기 사이에서 풍전등화로 치닫던 이 나라 조선.

주한 미국 대리공사 조지 클레이튼 포크George. C. Foulk. (1856-1893)는 2년간 조선에 머물면서 삼남(경상도, 충청도, 전라도) 지방을 여행했다. 본국에 보낼 보고서를 작성하기 위해서였다.

합천을 거쳐 11월 24일 진주에 도착한 그는 대나무숲과 남강에 드리운 촉석루의 풍경에 감탄하며 진주성에 이른다.

병마절도사는 훗날 을사늑약을 반대한 28세의 한규설韓圭卨(1856~1930)이었고, 진주 목사는 선정을 베풀었던 58세의 김정진金靖鎭이었다.

꽃상
음식지주
미국인 관리 조지 포크가 받은
1884년 11월 24일
正餐
加餐

포크가 진주 객사에 도착하자 첫 번째 밥상이 속히 들어왔다. 약주술과 찹쌀떡, 떡국 등이 오른 정찬正餐이었다. 이어서 소고기 튀김과 도미, 닭, 뭇국, 건수란 등으로 차린 가찬加餐의 밥상을 받았다.

11월이 제철인 도미는 소금물에 적신 창호지를 석쇠에 깔고 타지 않게 굽는다. 살을 발라 전을 부치기도 하고 각종 야채와 버섯을 넣어 한소끔 끓이면 향긋한 맛이 난다.

사천 바다에서 갓 잡아 올린 싱싱한 도미는 소고기보다 귀했다. 1894년 도미 가격은 1마리에 1돈 6푼으로 소고기 2근과 맞먹었다.

조선시대 프라이드 치킨 포계炮鷄

포크가 맛 본 닭튀김은 조선시대 프라이드 치킨인 포계炮鷄다. 15세기 조리서인 <산가요록>에 처음 등장한다. '포炮'는 뜨거운 기름에 빨리 볶아내는 조리법이다. 닭을 먹기 좋은 크기로 토막 내 참기름에 튀기듯 볶아 걸쭉한 간장 소스를 끼얹고 초장을 곁들인다.

조선 접대규례의 토대가 된 유교의 경전에는 상차림을 신분에 따라 구분하였다. 다산은 <목민심서>를 통해 이러한 상차림을 구체적으로 제시하기도 했다.

지방관이 받을 수 있는 최고의 밥상은 메인 음식이 5가지 오르는 5정鼎이다. 정鼎은 솥은 뜻하는 한자어로 어漁, 육肉, 포脯, 절육切肉이 담긴 그릇의 개수다. 포크의 밥상은 소고기를 중심으로 닭과 생선 등 3정鼎이 올랐다. 높은 관리의 상차림이다.

꽃상과 함께 두 명의 소리 기생이 들어와 창을 불렀다. 용비어천가와 화무일십홍花無十日紅(열흘 붉은 꽃은 없다) 이었다.

포크는 진주에 유난히 기생들이 많다는 것과 병마절도사가 매사냥을 가는데 기생 스무 명을 데리고 갔다는 사실도 기록했다.

조선의 마지막 관기들이 차려낸 꽃상은 훌륭했다. 포크는 그날 받은 밥상이 압도적이고, 잘 준비되었으며, 인상적이었다는 평을 남겼다.

1890년 함안 군수 오횡묵이 기록한 꽃상

어속치漁束峙 고개는 높고 험해 눈이 오면 얼음고개가 됐다. 가마꾼들은 비틀거렸고 누구 하나 미끄러지면 모두가 해를 입었으므로 손발로 엉금엉금 기어서 넘는 고개였다.

1890년 1월, 진주목 함안 군수 오횡묵吳宖默은 어속치를 넘어 진주성에 도착했다. 경상우병영은 14개 속현의 군사체계를 관할하는 기관으로 군력이 막강했다. 설날이면 속현의 수령들은 나이차를 불문하고 젊은 병마절도사에게 문안했다.

진주성 병영에서는 큰 저녁 밥상이 차려졌지만, 박규희(1840~?) 병마절도사는 오히려 민망해 한다. 상다리가 부러지게 차린 밥상을 앞에 두고도 "차린 것이 변변치 않다"고 하는 것은 유교의 필수 예절이다.

진주교방 꽃상
음식진주
함안군수 오횡묵이 기록한
1890년

> "머나먼 타향 음식 짜고 시어 입에 안 맞아 鹹酸不適客天涯
> 닭, 돼지, 술, 면을 잇달아 내고 鷄猪酒麪隨逢着
> 생선, 과일, 소금, 차들이 성대히 나오더라도 魚果鹽茶半爽差
> 몇 번이고 서울 음식 그리워했네. 幾度洛陽思飮水
> 산사를 다니다 찐 모래 밥 비웃을 때 참으로 많았건만
> 多從山寺笑蒸沙 이번 행차 좋은 끼니 신선의 주방에서 내어준
> 것 같네. 今行好頓仙廚供 입 안 가득 향내는 꽃을 씹는 것보다
> 더 나아라. 香頰津津勝嚼花"

이웃 고을 수령이 꽃을 씹는 것에 비유한 교방음식은 맵고 짜지 않은 서울풍이 가미되었다. 중앙에서 내려오는 관리들의 입맛에 맞춘 것이다. 진주 기생들의 솜씨도 한몫했다.

> "영문(진주성 병마절도영)에서 저녁식사를 성대히
> 장만하였고 송절과 월매가 석반을 차렸다."

오횡묵의 일기에는 밥상을 차린 기생들의 이름도 등장한다. 월매는 오횡묵 군수의 옛 정인情人이었으나 군수가 진주성을 방문했을 때는 다른 관리와 살고 있었다. 기생의 숙명이 그러했다.

관기들은 관비의 역할도 겸했다. 기생안(기생의 명부)에는 사람을 세는 명名이 아닌 구口로 표기했다. 기생은 노비나 백정, 무당 등과 같은 천민이었다.

풍족한 땔감 다양한 차림

조선시대는 땔감이 귀했다. 조선 후기 온돌이 보편화 되면서 땔감은 더 귀해졌다. 땔감은 음식의 발달과 매우 밀접한 관계가 있다. 한식은 센 불이 아닌, 약한 불을 이용한다. 튀김이

나 볶음이 아닌, 삶고 찌는 음식이 많은 것도 땔감과 무관하지 않다.

19세기 말부터 1942년까지 진주의 나무전은 명물거리였다. 수정동과 봉곡동에 있었다. 인근 산골에서 밤새 걸어 새벽에 나무를 팔아 생필품을 교환했다. 일을 마치고 장터에서 비빔밥 한 그릇을 먹고 돌아가는 것이 나무꾼들의 유일한 낙이었다.

산해진미의 교방음식이 탕, 찜, 고음, 구이 등 다양한 형태로 발달할 수 있었던 원인 중 하나는 풍족한 땔감 덕분이었다. '꽃을 씹는 것보다 나았다'는 교방음식을 풍요롭게 했던 것은 아이러니하게도 나무꾼들의 무거운 어깨였다.

진주 수령의 첫 번째 진찬進饌

1604년은 또 다른 격변기였다. 임진왜란으로 마산 합포에 있던 경상우병영이 무너졌고 형세가 가파른 진주성으로 병영이 이전됐다. 느닷없는 일이었다. 거대한 관청이 들어서자 백성들에게는 엄청난 세금이 가중됐다. 수천 명이나 되는 군관들의 접대를 견디지 못한 백성들이 병영 폐지를 요구하고 나섰지만 소용없는 일이었다.

수령이 부임하면 반드시 진찬을 열었다. 환영 잔치다. 다산 정약용은 목민심서에서 수령의 첫 번째 진찬을 조목조목 열거한다.

밥과 국수는 각 한 그릇씩이다. 밥은 백미로 지은 백반과 팥물로 지은 홍반을 같이 차렸다. 백홍반이 기본이다. 진주에서는 국수보다는 떡국을 올렸다.

국물 음식으로는 채소를 넣은 고깃국과 찌개다. 큰 접시에는 편육과 산적, 생선회가 각각이다. 술은 딱 한 잔이다. 신임 수령의 실수를 방지하려는 배려다.

고깃국은 등급이 있었다. 최고봉은 채소를 넣지 않고 고기만 끓인 맑은 '확臛'이다. 채소를 같이 넣어 끓이는 국은 갱羹이

진주 수령의 첫 번째 진찬
음식 진주

고 한약이나 제사에는 탕湯자를 쓴다. 기원전 3세기경 중국의 문집인 〈초사楚辭〉에서 유래됐다.

진주의 고음국에 파를 넣지 않고 깔끔하게 소금간만 하는 것은 최고 등급인 '확'이기 때문이다.

회를 먹고 탈이 나면 '서더리탕'으로 해독

조선 후기 진주에서 가장 비싼 생선은 민어와 도미였다. 농어나 도다리도 좋은 횟감이었다. 물 맑은 남강이 흐르는 진주에서는 민물회도 많이 먹었다. 잉어, 쏘가리는 남강과 하동 동정호에 많았다. 수령은 새벽에 갓 잡은 싱싱한 회로 여독을 풀었다. 회를 과식해 탈이 나면 같은 생선의 대가리 뼈를 끓여 탕을 올린다. 〈본초강목〉의 해독법이다. 회를 소화하지 못할 때는 생강즙이고, 식중독에는 동아즙을 썼다.

나물이나 김치, 젓갈 등 젖은 음식은 작은 보시기에 4그릇을 담는다. 작은 접시 4개에는 과일, 두 가지 포, 그리고 떡이나 강정 같은 쌀가루 음식이다.

꽃상에 오르던 과일은 겨울에는 주로 감과 배였다. 대추와 밤도 차렸다. 여름철 가장 고급 과일은 역시 진주 수박이었다.

그러나 조선 후기로 갈수록 규례는 지켜지지 않았다. 궁중에서도, 민가에서도 사치가 만연하였다.

특히 고종 대에는 유난히 궁중 잔치가 많았다. 국가 예산의 7분의 1을 잔치에 쏟아부었다. 대한제국의 마지막 불꽃이었다. 1902년 즉위 40년을 기념하는 진찬을 끝으로 고종은 강제로 퇴위되었고 나라를 빼앗기는 경술국치가 기다리고 있었다.

진주 수령의 초조반 약선죽

월아산 깊은 질마재에서 피기 시작한 해가 남강을 병풍처럼 두른 뒤벼리, 동쪽 새벼리 절벽까지 온통 첫 빛으로 물들인다.

진주성은 새벽부터 분주하다. 공사公私로 골몰한 수령의 건강을 돌보는 일은 아랫것들의 의무였다.

초조반은 아침밥상을 차리기 전에 올리는 죽상粥床이다. 죽이나 미음, 응이 같은 것을 김치나 마른 찬과 같이 차린다. 죽은 곡식을 불리고 갈아 묽게 끓이고, 미음은 쌀의 약 10배의 물을 넣어 만든다. 응이는 곡식을 맷돌에 갈아 베보자기에 내린 녹말을 물에 풀어서 쑨 고운 죽이다. 초조반은 궁중, 지방관아 그리고 양반가에서도 차렸다.

약선藥線은 약이 되는 음식이다. 의학이 발달하지 않았던 조선시대, 식치食治는 가장 좋은 예방이자 처방이었다.

약선죽
음식 진주
진주 수령의 초조반

보양죽은 소고기가 주재료다. 좋은 고기를 다져 넣고 고기가 무를 때까지 쌀과 같이 폭 끓인다. 열이 나고 눈이 충혈 되는 증상을 치료하는 데는 주로 치자죽을 쑨다. 죽실가루로 쑨 죽실죽도 별미였다. 죽실은 봉황이 입에 물고 벽오동 속으로 넘나든다는 대나무 열매다. 찰기가 있어 국수를 만들기도 했다. 죽실이 많이 열릴 때는 수만 섬이나 되었다. 지리산에 죽실이 열리면 외지인들의 발걸음이 이어졌다. 장관이었다.

꽃상과 궁중 12첩에는 백성들의 눈물 맺혀

수령이 백성들의 생사를 좌우했으니 관속들은 밥상에 최대한 성의를 보였다. 사실 지방관들의 음식 낭비는 제재 대상이었다. 수령의 일상식은 아침과 저녁 두 끼였고 밥, 국, 김치, 장을 제외하고 네 가지 반찬이면 족하다 했다. 그러나 조선후기 수령들은 크고 작은 두 개의 밥상에 백홍반 두 가지를 따로 차려 수륙진미를 갖추어 놓고는 밥상이 이 정도는 되어야 체모가 선다고 여겼다.

수령은 세금 수탈로 임기를 시작했다. 부임 전, 임금께 하직인사를 올리러 가면 대전 별감에게 통과료를 내야만 대궐문을 들어설 수 있었다(궐내행하闕內行下). 행장을 꾸려 부임지로 가는데 드는 돈도 수백 냥이다. 수령은 제반 비용을 부임지의 아전에게 미리 통지하여 백성의 세금으로 마련했다.

화려했던 연회상인 진주 교방꽃상, 12첩 궁중상 위에는 백성의 눈물이 그렁그렁 맺혀 있다. 착취에 시달리던 조선의 백성들이 처음으로 봉기했던 '진주민란'은 어쩌면 당연한 수순이었을 지도.

수령의 생일, 쌀밥에 고깃국으로 관속들을 먹이다

어진 수령은 백성의 큰 그늘이었다. 진주에는 종2품 병사와 정3품 목사, 그리고 14개 속현의 종4품 군수와 종6품 현감들이 포진되어 있었다. 진주목 수령들이다.

속현의 수령이 행차할 때는 주막에서 숙박을 해결했다. 주막은 뉴스의 집결지였다. 주막의 환경은 형편없었다. 모기가 극성을 부리는 주막에서 더디고 더딘 밤을 앉은 채로 새웠다. 그러나 호랑이에게 물려간 주민의 이야기나 화적당이 행인들의 짐을 모두 도둑질해간 소식 따위를 들을 수 있는 곳은 주막이었다. 한 그릇 율무죽에 담긴 주모의 인정도 객의 마음을 적시는 온기였다.

흉년이 들면 민심도 점점 흉흉해져갔다. 무뢰한들은 마을 요지에 첩을 두고서 술을 빚고 개를 잡아 노비들을 꾀어내 진탕 먹였다. 그들은 노비들이 돈을 갚지 못 할 지경까지 먹여 노비가 주인집에서 도둑질을 할 수밖에 없는 상황으로 몰고 갔다. 거지들이 동냥밥을 요구하다가 성이 차지 않는다는 이유로 행패를 부리기도 했다. 이 모든 것은 배고픔이 죄였다.

관속들을 먹이다
쌀밥에 고깃국으로
수령의 생일
음식
진주

아전들이 성대한 다담상을 들이다

조선시대 수령은 부임지에 가족을 데리고 가지 않는 것이 원칙이었다. 경남은, 한양에서 내려오는 수령들에게는 먼 곳이었고 수령은 타향에서 홀로 생일을 맞았다. 수령의 임기는 통상적으로 2년이었다. 수령은 일상에서 기생의 손을 빌릴 수밖에 없었다.

수령의 생일이면 관아 반빗간은 분주하다. 아전의 수장인 이방이 한 상 가득 차려 들여온다. 교방 기생들의 솜씨다. 수령은 이를 만류하며 관아의 주방에 명하여 삼반관속들에게 각자 한 상씩을 차려주고 막걸리도 한 동이 지고 오라 하여 배불리 먹인다. 장교將校, 관노官奴, 사령使令은 난데없는 쌀밥과 고깃국에 기쁨이 넘친다.

오후에는 이청吏聽(아전들의 처소)에서 또 성대한 다담상을 들인다. 수령은 선물에 소주 세 복자를 더하여 향회鄕會(고을 양반들의 모임)로 보낸다. 수령을 칭송하는 양반들의 사례가 이만저만이 아니다.

> "음식을 내려주는 것도 지나친 바람이거늘,
> 몸소 임하셔서 가르침을 내려주시니 지극히 황감하여
> 고개도 못 들겠습니다."
>
> 함안 <총쇄록> 1889년 12월 무술

답례로 곶감을 바치는 자도 있었고 대구와 문어도 관아로 들어왔다. 해물과 과일이 어지러이 쌓인다. 곶감은 열 접이나 된다. 정당한 것은 받고 명분이 없는 것은 물리친다. 이것은 하인들의 몫이 될 것이다. 닭 한 마리와 담배, 복분자 한 묶음도 보내왔다. '비록 졸렬하나 한가할 때 잡수시라'는 뜻이 담긴 선물이었다.

조선 말 문신 오횡묵의 〈총쇄록〉에는 아전, 죄수, 노비, 관기에 이르기까지 197명의 직명과 이름이 등장한다. 500페이지가 넘는 대서사시 속에 조선시대 진주목의 음식문화가 보석처럼 박혀있다.

사또 납신다, 다섯 가지 차려라

태극기가 앞장선 행렬은 장관이었다. 경운궁(덕수궁)에서 환구단(서울시 중구 소공동)까지 500여 미터. 좌우로 각 대대 군사들이 질서 있게 호위하였다. 1897년 10월 12일 고종은 환구단에서 천지신께 제사를 올리고 황제로 등극했다. 왕은 황제가 되었고 국호는 조선에서 대한제국으로 바뀌었다. 의복도 중국 황제만이 입을 수 있었던 황룡포였다.

고종이 황제가 된 것은 한식사韓食史에 있어서도 중대한 사건이었다. 원래 조선 왕의 일상 수라상는 12첩이 아닌 7첩이었다. 1795년 정조 임금이 어머니 혜경궁 홍씨의 환갑연을 기록한 〈원행을묘정리의궤園幸乙卯整理儀軌〉에조차 단출한 밥상이 차려져 있다. 대비마마의 환갑잔치에도 불구하고, 왕을 비롯해 왕족들이 받은 밥상은 밥과 국을 모두 합해 7기에 불과하다. 12첩이 등장한 것은 좀 뜬금없는 얘기다. 고종이 황제로 등극하면서 중국 황제의 밥상인 태뢰 12정鼎을 모방한 것으로 여겨진다.

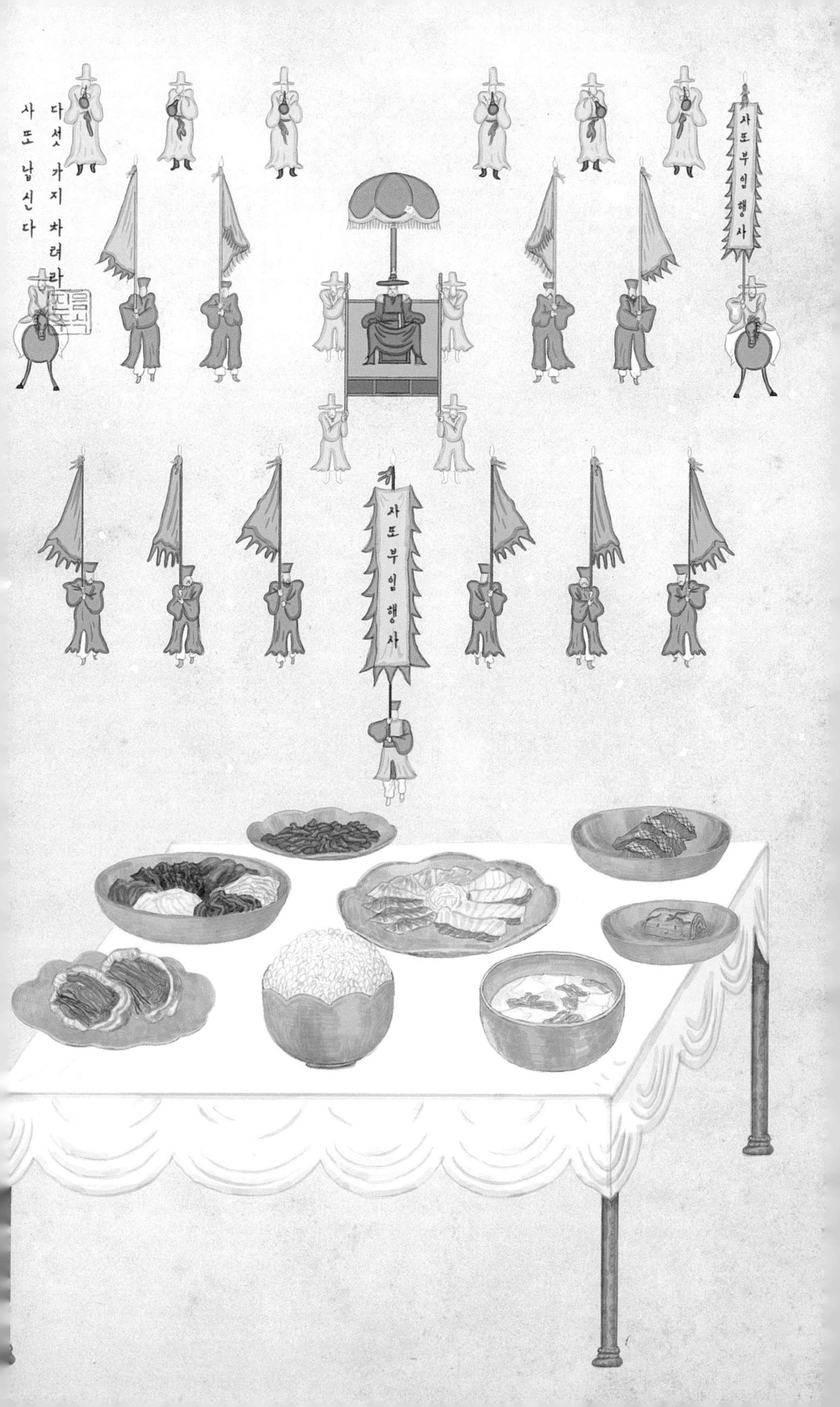
다섯 가지 차려라
사또 납신다
사또부임행사
사또부임행사

사치풍조는 궁중뿐 아니었다. 무역으로 떼돈을 번 부유층이 급격히 늘어나면서 백성들의 밥상문화도 많은 변화를 보인다. 19세기 청나라 사신들이 드나들면서 국경 근처에서 담배나 인삼 등을 사고파는 무역상인들은 기방문화에 불을 붙였다. 기방의 본격적인 출현도 이 즈음이다.

상인들은 양반 저리 가라 할 정도로 막대한 부를 축적했다. 나라 살림이 어려워지자 돈만 주면 관직이나 신분을 바꿀 수 있는 매관매직이 성행하여 조선 후기 양반은 총 인구의 70%가 넘었다.

19세기 말에 편찬된 조리서 〈시의전서〉는 궁중 수라보다 더 성대한 진짓상을 차린다. 임금의 수라상은 장醬을 제외한 모든 그릇을 첩수로 계산했다. 즉 궁중의 7첩 반상은 밥과 국, 조치와 침채(김치)에 반찬 세 가지였다. 반면 〈시의전서〉에서는 밥, 국, 조치와 김치를 모두 빼고 반찬만 첩수로 계산했다. 즉 시의전서의 3첩 반상은 궁중의 7첩이 되는 셈이다.

우리가 알고 있는 5첩이니 9첩이니 하는 〈시의전서〉식 상차림이 조선의 기본 모델은 아니었다.

지방관과 높은 관리를 위한 상차림

진주의 상차림은 〈시의전서〉나 궁중음식과는 다르다. 진주의 접대상은 원칙적으로 메인 요리솥 정鼎 5개 또는 3개를 차렸다. 지방관의 밥상인 5정과 높은 관리를 위한 3정 상차림이다.

접대는 메인 음식 5개가 오르는 소뢰상이다. 유교의 경전인 예기禮記에 근거한다. 천년이 넘은 역사다. 그릇은 종지까지 포함하여 총 29개가 오른다.

지금도 진주 반가에서는 손님상에 메인 요리 다섯 가지를 차린다. 수령 접대도 다섯 가지 정鼎이었다.

진주는 지리적 환경과 부유한 양반 계층이 많아 음식이 발달할 수 있는 요인을 두루 갖추었다. 드문 조건이다.

반드시 생선회가 올라가야 진주 꽃상이다. 진주 수령은 궁중까지의 거리감으로 임금의 눈치를 보지 않아도 좋았다. 오히려 궁중보다 싱싱한 재료로 더 많은 음식을 차렸다.

서부 경남을 호령했던 진주성 병마절도사의 아름다운 교방음식은 조선시대 지방관의 밥상을 대표한다. 궁중음식, 반가음식과 더불어 한식의 3대 유산이다.

진주 관아의 별미
교방 꽃국수

1123년 벽란도에 송나라 사신단이 도착했다. 일행을 실은 엄청나게 큰 선박은 송나라에서 특별히 제조한 것이었다. 고려 왕실은 열 가지 음식을 제공했다. 처음이 국수이고 진귀한 해산물이 차례로 나왔다. 그릇은 금은을 입혔고 나무 소반에는 옻칠을 했다.

사신의 이름은 서긍徐兢(1091~ 1153). 고려에 한 달간 머물면서 보고 느낀 풍속을 40권의 책으로 남겼다. 올해로 편찬 900년이 된 〈고려도경〉이다. 고려왕실이 열 가지 음식 중 국수를 첫 번으로 차린 것은 국수의 본산지인 송나라 사람의 입맛에 맞춘 것이었다.

고려의 국수는 신분을 구분지었다. 1390년 공양왕은 품계에 따라 제례 음식을 정했다. 1품에서 6품까지는 국수를 올렸고 7품 이하가 국수를 쓰는 것은 불법이었다. 나라 안에는 밀이 적어 모든 밀은 중국 산동지방에서 수입했다. 구할 수 없는 재료를 백성들에게 금한 것은 앞뒤가 맞지 않는 일이었다.

꽃국수
음식
진주
진주 관아의 별미

고려시대 양반의 국수는 메밀가루에 밀가루를 더한 백면白麵이었고 백성의 국수는 메밀가루나 콩가루에 녹두녹말을 섞었다. 바가지에 구멍을 내어 내리던 국수는 조선 중기 진화하여 통나무에 쇠판이 달린 국수틀이 등장했다.

재료 반, 국수 반인 다이어트 식

진주 관아에는 세면細麵이 별미였다. 세면 중 골동면인 비빔국수는 조선을 방문한 외국인들에게 이태리 파스타를 만드는 새로운 방법으로 각광을 받았다.

교방 골동면은 매운 고추장이 아닌 간장 양념을 쓴다. 불고기 양념을 한 소고기, 표고버섯을 매실 소금으로 볶고, 황백 지단을 곱게 채 썬다, 숙주는 데치고 오이도 살짝 절여 참기름에 잠깐 볶으면 식감이 좋다. 실고추와 잣, 배를 올려 색을 맞춘다. 『교방 꽃국수』다.

물국수 형태로 낼 때는 고소하고 뽀얀 깨즙에 말아낸다. 교방 꽃국수는 모든 재료를 최대한 가늘게 채 썰어 고명이 면과 따로 놀지 않는 게 특징이다.

조선 후기 진주에서는 국수를 뽑아 삶아서 말린 건면乾麵까지 유통되고 있었다. 앉은뱅이밀 덕분이다. 국수 1타래의 본전은 6푼으로 달걀 9개 값이었다. 한양의 한 끼 밥값이었다.

진주 앉은뱅이밀은 껍질이 얇아 제분량이 많고 부드럽다. 유엔이 교류하는 『슬로푸드 국제본부』의 '인류가 보존해야 할 식품 유산'으로 이름이 올랐다. 전통음식 보전 운동인 〈맛의 방주Ark of Taste〉다. 우리 것으로는 울릉도 칡소, 진주 앉은뱅이 밀, 제주 푸른콩장, 태안 자염 등이 있다.

토종밀로 만든 꽃국수는 글루텐 함량이 적어 속 더부룩함이 없다. 고명의 분량을 조절하여 탄수화물을 줄일 수 있다. 다이어트식이다.

매화꽃 흩날리는 향기로운 계절. 교방 꽃국수에도 오방색 봄이 활짝 피었다.

교방찜, 과일향을 머금다

음식은 세밀한 비법 하나가 맛의 큰 차이를 만든다. 한식은 손맛이고 일식은 칼맛이며 중식은 불맛이라고 한다. 손맛이란 손놀림의 강도, 방식에 따라 맛이 달라지기 때문이다. 바락바락 주무르는 음식이 있고 손목의 스냅을 이용해 가볍게 털어내듯 무치는 나물이 있다.

중식이 불의 맛이라는 것은 대체로 기름에 볶는 방식이기 때문이다. "신발을 튀겨도 맛있다"는 중국에 기름요리가 많은 이유는 수질 문제였다. 석회성분이 많고 진흙이 섞여 있어 아무리 끓여도 흙내를 제거하지 어려웠다. 중국에서 차가 발달한 원인도 같은 이유다. 물을 적게 쓰는 조리법인 볶음과 튀김이 발달할 수밖에 없었다.

반면 한식에는 튀김요리가 거의 없다. 기름 자체가 귀하기도 했지만, 땔감 문제가 컸다. 도벌꾼들은 주로 나무가 무성한 능원陵園을 노렸다. 왕족의 무덤인 능원은 도벌이 금지되어 있어 나무가 무성한 곳이었다. 능지기 말단직 참봉은 직무를 유기하면서까지 친인척에게 땔감을 챙겨 보내기도 했다.

진주 교방찜
과일 향을 머금다

말린 유자와 자두 껍질, 그 향긋함으로

남해산 싱싱한 해산물은 다담상을 더욱 풍성하게 했다. 생게찜, 새우찜, 전복찜, 문어찜은 새벽에 갓 잡은 해산물을 그대로 살짝 쪄내 고명을 화려하게 얹는다. 냉동이나 건어물과는 확연히 맛의 차이가 크다. 조선시대 한양 관리들의 발걸음을 재촉한 원인도 싱싱한 해산물 덕분일 것이다.

진주의 전복은 전복김치, 전복죽, 전복구이, 전복찜 같은 차림이다. 전복은 유통 과정에서 부패를 방지하기 위해 주로 말린 상태로 진상했다.

전복은 회로 먹어도 좋지만 생전복을 살짝 찌면 매우 부드러워 진다. 1763년 8월 통신사 김인겸이 기록한 통신사연회에도 따뜻한 전복찜이 올랐다.

오동통한 새우도 살을 다져 잠깐 쪄내 오색 고명으로 장식한다. 크고 실한 대합도 살을 양념해 곱게 찐다. 태극무늬로 고명을 얹는 간재미찜은 교방 꽃상에서 가장 눈길을 끄는 남도풍의 색채다. 간재미는 가오리 새끼를 일컫는 진주 방언이다. 단백질원이며 비타민과 미네랄이 풍부하다. 숙취 해소에도 효능이 있어 꽃상에 반드시 올랐다.

교방찜의 특징은 향이 강한 자두와 유자 껍질을 햇볕에 바싹 말려 찜기에 넣는다. 솔솔 풍기는 향긋함이 해산물의 비린내와 고기의 누린내를 잡아준다. 한번 말려두면 사철 쓸 수 있어 요긴하다.

진주교방음식은 궁중음식에서 유래된 것이 아닌, 진주만의 특별한 맛이다. 장엇국, 방아전, 송이가리찜 같은 음식들은 궁중에서는 찾아볼 수 없는 차림이다. 특히 송이가리찜은 지리산 송이버섯의 은은한 향과 소고기의 고소함이 조합된 맛이다.

진주교방음식 중 가장 고급인 소고기 요리다. 조선 후기 진주 관아에서 갈비는 한 짝(갈비 여러 대를 묶은 한 묶음)에 3돈으로 어린 닭 한 마리의 값과 같았다. 소고기는 한 근에 8푼으로 달걀 12개 값이었다. 소고기가 저렴한 것은 경남 일대를 아우른 우시장 덕택이었다.

교방찜은 얼음처럼 맑은 지리산 생수와 과일의 향긋함이 스몄다. 자연 그대로가 선사한 미각의 향연이다.

명품 한우의 풍미, 약갈비와 장산적

1988년 압구정동에 3천 명의 인파가 장사진을 이루었다. 맥도널드가 오픈하는 날이었다. 햄버거는 독일 함부르크 사람 Hamburger에서 유래됐다. 몽골의 타타르족이 먹다 남은 양고기를 말 안장에 깔고 타면서 부드러워진 고기 뭉치를 먹은 것이 기원이라고 한다.

타타르족으로 통합된 몽골제국이 러시아의 키예프 공국을 멸망시키면서 러시아에 타타르족의 음식문화가 전해졌다.

러시아는 몽골인들의 패티에 날달걀과 소금, 양파 등 향신료를 넣어 타타르 스테이크를 탄생시켰다. 우리의 육회처럼 날고기를 먹는 문화다.

타타르는 몽골이 유라시아를 점령하자 독일의 항구도시 함부르크로 전해졌고 미국으로 이민을 떠난 독일인들에 의해 고기를 구워 빵에 넣는 햄버거가 되었다는 설이 유력하다.

약갈비와 장산적
명품 한우의 풍미

메이지 유신 때 일본으로 건너 간 햄버거는 함바구 스테이크라는 이름으로 인기몰이를 하기도 했다.

다진 고기를 조리하는 우리 음식으로는 떡갈비가 대표적이다. 진주는 유난히 소고기 문화가 발달해왔다. 떡갈비는 소고기의 갈빗살을 곱게 다져 치대가며 양념을 한다. 양념에는 잔대 등 지리산 한약재를 넣는다. 진주만의 약갈비다. 갈빗대에 동그랗게 말아 붙이고 숯불에 구워낸다.

소화기능이 약한 귀족의 음식 떡갈비

햄버거가 노동자를 위한 간편식이었다면 떡갈비는 활동량이 적어 소화기능이 약해진 조선의 왕과 사대부들, 노인들을 배려한 음식이었다.

조선은 밀의 수확량이 적었다. 빵이 아닌 밥 문화가 발달한 것도 자연환경 때문이었다. 고기를 빵 사이에 넣어 먹는 햄버거와 밥과 같이 먹는 떡갈비는 모두 다진 고기로 만든다.

진주에서는 떡갈비 외에 장산적을 많이 만들었다. 진주성에는 공사를 보러 오는 관리들이 붐벼, 두고 먹어도 쉽게 상하지 않는 밑반찬이 필요했다. 잔칫상이 아니더라도, 한양 관리들을 접대하려면 밥상에 5가지 메인 요리를 올려야 했다. 장산적은 만들어 두고 며칠은 먹을 수 있어 요긴했다.

고기를 잘 드는 칼로 다져 네모지게 반대기를 짓고, 한지에 참기름을 발라 석쇠에 굽는다. 부서지지 않게 한 김 식으면 골패 모양으로 반듯하게 썰어 불고기 양념으로 졸인다. 상에 올릴 때는 잣가루를 솔솔 뿌린다.

치킨과 떡볶이, 김밥 같은 간편식들이 세계 패스트푸드 시장의 지각변동을 일으키고 있는 이때, 약갈비와 장산적으로 만든 명품 한우 주먹밥도 합류하길 기대한다. 진한 한우의 풍미와 갖은 양념의 짭조름한 단짠. 쌀밥과 같이 먹으면 더 맛있는 한우 주먹밥.

당나라 국수와 진주 조선잡채

부뚜막은 항상 정겨웠다. 베보자기로 덮은 막걸리 항아리에서 식초가 익어갔다. 겨자 양념을 발효시키는 곳도 부뚜막이었다. 겨자의 주성분인 시니그린은 섭씨 40도에서 발효시켰을 때 가장 맛이 뛰어나다. 화기火氣가 남아 있는 후끈한 부뚜막은 최적의 장소였다.

조선시대 겨자는 요긴하게 쓰였다. 생선회도 와사비가 아닌 겨자장이었고 각종 소스로도 겨자가 제격이었다.

진주의 잔치 음식 중 빼놓을 수 없는 것이 조선잡채다. 경북의 도라지 잡채, 함경도의 해물 잡채가 알려져 있으나 진주 조선잡채는 진주의 풍요로운 들판과 푸른 바다를 한데 모은 연회 음식이다. 소고기 편육, 죽순, 송이버섯, 생률 같은 여러 가지 재료를 놋그릇에 가지런히 돌려 담는다. 겨자즙을 미리 숙성시켜 간장과 식초, 꿀을 넣어 맛을 낸다. 다담상에 음식이 동나기 전 바로바로 무쳐 올리면 재료가 풀이 죽지 않아 신선한 맛을 살릴 수 있다.

전주 조선잡채
당나라 국수와

"당면을 데쳐 넣는 것이 좋지 못하니"

"도라지를 하루 물에 담가 불려 대가리를 따고 꼬챙이로 잘게 뜯어... 당면을 데쳐 넣는 것이 좋지 못하니(중략)"
1924년 위관 이용기 선생이 쓴 <조선무쌍신식요리제법>이다. 이용기 선생은 기생집, 장거리 등을 드나들며 풍류를 즐기던 한량이었다. 문헌상 당면 잡채가 들어가는 최초의 조리서다. 꼭 100년 전의 기록이다. 당대의 잡채는 현대의 것과 많이 다르다. 오히려 조선시대 전통 잡채를 만드는 레시피와 가깝다.

파채와 데친 움파를 넣고 목이, 표고, 석이버섯과 황화채(원추리), 해삼 전복을 불려 넣어도 좋다고 했다. 배는 채 썰어 올리고 죽순은 아니 넣는다고도 썼다.

당면은 1912년 청나라에서 유입됐다. 제조법을 배운 일본인이 처음 조선에 당면 공장을 세웠고 본격적으로 보급화된 것은 1920~30년대다.

중국은 대다수인 한족을 비롯해 총 56개 민족으로 이루어진 나라다. 한족이 다스린 나라는 20개 왕조 중 주나라, 한나라, 송나라, 명나라뿐이다. 문명의 상징인 당나라도 한족이 아닌 선비족이 세웠다. 중국의 음식이 다양해진 원인도 고대로부터 다문화사회였기 때문일 것이다.

청나라에서 도입된 당면잡채는 버젓이 궁중잡채로 탈바꿈해 한정식집의 단골 메뉴다. 사실일까. 조선은 1910년 한일합방으로 망했고 당면이 보급화된 것은 1920년대이니 궁중에서 당면잡채를 만들었다는 것은 앞뒤가 맞지 않는 부분이 있다. 잡채의 원조는 당면 없는 잡채, 진주의 조선잡채다.

고기보다 귀했던 귀족의 사탕, 옥춘당

반만년 보릿고개는 나라님도 구제할 수 없었다. 1972년 통일벼가 보급되기 전까지 우리 민족에게 밥은 곧 신앙이었다.

조선시대 사람을 세는 접미사는 인, 명 외에 또 있었다. 목구멍을 상징하는 구口다. 노비를 셀 때는 구를 썼다. 기생도 구였다. 밥과 찬의 구분 없이 바가지에 한데 담아 먹는 신분이었다. 노비는 일의 능률성 대비 곡식의 소비량으로 가치를 매겼다.

후식인 병과류(떡)와 음청류(식혜, 수정과 등), 당속류(과자, 사탕)는 지배계급이 아니고서는 엄두도 못 냈다.

반서의 계급은 엄격히 지켜졌다. 서민이 환갑이나 혼인, 제사 외에 유밀과를 쓰면 곤장 60대를 맞았다. 안주를 갖춰 놓고 삼삼오오 술을 마시다 적발되면, 술자리를 마련한 이가 관가에 끌려갔다. 화문석을 깔아도 안 되었고 그릇도 양반의 것을 흉내 내어 청자나 백자기를 사용하면 형벌에 처했다.

옥춘당
음식진주
고기보다 귀했던 귀족의 사탕

단맛의 설레임, 사탕

옥춘당과 팔보당은 잔치나 제사에 고이는 각색 사탕이다. 옥춘은 조상님이 오시는 길을 환하게 비춘다고 하여 제사상에 반드시 올리는 음식이었다.

쌀가루와 조청을 반죽해 색색으로 물들여 겹겹이 붙인다. 동글납작한 모양이 맷돌을 닮았다 하여 '맷돌엿'으로도 불렀다. 반죽을 꽃모양 판에 굳힌 팔보당은 옥춘당과 함께 잔칫상에 높게 고여 진열한다.

사탕을 진상할 때는 항아리나 쟁반에 담았다. 무게를 달아 몇 근씩 진상한 기록도 있다. 단맛의 달콤한 유혹은 점점 다양해졌다. 연산군은 양귀비가 즐겼다는 과일 여지(리츠)를 구해 오라 명령을 내렸고 고종은 아랍의 건포도까지 수입해왔다.

일제강점기에는 설탕으로 만든 눈깔사탕이 인기를 끌었다. 서울 진고개에 왜각시를 보러가는 인파가 몰려들자 눈깔사탕으로 부자가 된 일본인들이 있었다. 진주에서는 '나리또'라는 일본식 유곽에 창기를 구경하러 갔다가 입이 터질 듯 커다란 사탕을 물고 돌아왔다.

중국에서 들어온 '각색당당各色唐糖', 일본의 '각색왜당各色倭糖'은 설탕으로 만든 고가품이었다. 일본에서 후식류가 발달한 원인은 아열대 기후인 오키나와에서 사탕수수 재배가 가능했기 때문이다.

어과자御菓子는 일본어로 'おかし(오카시)'다. 상자에 담긴 화과자다. 어과자는 궁중잔치에도 올랐고 부산 왜관을 통해 진주로 상륙해 인기를 끌기도 했다.

조청으로 만드는 전통 사탕은 설탕보다 맛이 싱거운 편이다. 조청 1리터를 만드는데 쌀이 4킬로나 소요된다. 설탕에 비해 건강식인 셈이다.

쌀과 조청대신 물엿과 설탕으로 만든 현대식 옥춘당은 동네 마트를 전전하는 천덕꾸러기가 되어버렸지만 조선시대에는 고기나 생선보다 귀했다. 사랑하는 이에게 혼자만 먹으라고 손에 꼬옥 쥐어주던 귀한 음식이었다.

3장

계절 곳간 열리다, 제철음식

진주의 봄소식
입춘채 꽃상

봄이 보내온 첫 번째 편지를 받는다. 입춘이다. 입춘은 태양이 지나가는 각도에 따라 정해진다. 올해는 2월 4일 오전 11시 43분에 봄이 든다.

입춘에는 오신채를 먹는다. 입춘 나물이라는 뜻으로 입춘채立春菜라고도 한다. 겨울 땅을 뚫고 나온 달래와 부추, 움파, 양파, 미나리나 무의 새싹 같은 것들이다. 향과 맛이 강하다. 원기와 정력을 돕는다. 불가에서는 금지된 재료들이다.

입춘채는 궁중 수라상에도 올랐고 임금은 다섯 가지 나물로 차린 오신반五辛盤을 신하에게 내렸다.

고려시대에는 입춘 날 국태민안國泰民安을 기원하며 비단 깃발인 춘번자를 머리에 꽂았다. 흙이나 나무로 인형이나 소를 만들어 문밖에 내놓아 '겨울 찬바람 다 가져가라'고 외치는 풍습도 있었다.

立春大吉
입춘재 꽃상
진주의 봄소식
음식 진주

오신반의 풍습은 궁중에서 민가로까지 전해졌다. 오신채의 구색을 마련하기 벅찬 백성들은 파를 고추장에 찍어 먹기도 했다. 파는 입춘의 진상품이었다. 입춘에 오신채를 먹어야 사람의 덕목인 인의예지신仁義禮智信을 갖추게 된다고 믿었다. 맵고 쓴맛을 통해 생로병사와 독毒의 고통을 깨닫는 것으로도 여겼다.

겨우내, 부족했던 비타민과 무기질을 보충하는 데는 봄나물만한 것이 없다. 코리안 허브로 세계적으로 각광 받고 있는 나물은 속이 편해지는 음식이다. 일본은 양력 1월 7일이면 '나나쿠사七草'라는 나물죽을 먹는다. 설날 연휴에 과식과 음주로 혹사당한 장기를 나나쿠사로 보한다.

파로 쌓은 만리장성

입춘채는 지방마다 조금씩 다르다. 진주에서는 움파를 빼놓지 않는다. 입춘채에서 가장 맛있는 것이 움파다. 움파는 달고 부드럽다. 살짝 데치면 향긋한 맛이 난다. 진주화반에만 들어가는 속데기도 파 데친 물에 조물조물 무친다.

파는 수천 년 간 인류와 함께해 왔다. 절세미인 양귀비의 애인이었던 안록산의 회춘식이었고, 진나라 때 만리장성 축조에 동원된 노동자들의 급식도 파를 곁들인 보리죽이었다. '파로 쌓은 만리장성'이라고 하는 것은 파가 원기를 돋았기 때문이다. 예기禮記에도 고기와 같이 먹는 음식으로 봄에는 파, 가을에는 갓이라고 했다.

파에는 자극적 향을 내는 주성분인 황화아릴이 풍부하다. 파를 잘랐을 때 미끈거리는 부분이다. 황화아릴은 에너지 생성을 돕는 비타민 B1을 활성화한다. 비타민 B1이 풍부한 돼지고

기와 파는 음식궁합이 썩 잘 맞는다.

다섯 가지 입춘채와 돼지고기 수육으로 차린 오신반은 지친 몸과 마음을 새봄의 빛깔로 칠한다. 창을 열면 잔설 위로 어느새 따사로운 햇살. 올해도 입춘첩을 붙이며 나직이 희망을 얘기한다.

"올봄에는 크게 길할 것이요立春大吉, 따뜻한 기운 받아 경사가 많으리라.建陽多慶"

조선시대 여성의 날, 화전놀이 꽃달임

"사해四海가 하나 되고 만 백성이 태평하니 경치 좋은 곳에서 놀게 하소서"

세종은 영의정 유관(1346~1433)이 올린 상소에 따라 3월 3일과 9월 9일을 좋은 날로 정하고, 백성들이 경치 좋은 곳을 택해 즐거이 놀 수 있도록 윤허하였다.

3월 3일 삼짇날은 파랗게 돋은 새 풀을 밟으며 즐기는 '답청踏靑'이고 9월 9일은 산에 올라 화려히 물든 단풍을 즐기는 '중양절'이다.

삼짇날은 몇날 며칠 전부터 가슴을 설레게 했던 봄 잔치다. 진주 백성들은 '해치'라 불렀다. '모여서 취하도록 먹고 마신다'는 뜻의 진주 방언이다.

삼짇날은 조선시대 '여성의 날' 행사다. 아침 일찍 몸치장을 하고 집안을 벗어나 미리 약속된 장소에 모인다. 번철, 채반 같은 주방 살림도 총동원된다. 시어머니들도 이날만큼은 집안에만 매인 며느리들이 참가할 수 있도록 특별히 마음을 썼다. 틀

꽃달임
음식 진주
조선시대 여성의 날, 화전놀이

에서 해방된 아녀자들이 삼삼오오 모여 지천으로 핀 진달래로 화전을 만들며 『꽃달임』 놀이를 한다. 오미자 창면도 먹는다. 모두들 머리에 진달래가 피고, 손에는 꽃다발이 한 줌씩이다.

입안 가득 꽃향기, 비봉산 봄놀이

수령은 술과 떡을 차려 백성들과 소통하며 묵객과 더불어 시를 짓는다. 솟대쟁이 줄타기꾼은 아슬아슬 허공을 걷고, 땅재주꾼은 제비처럼 뒤집어지고 엎어지며 보는 이의 심장을 두근거리게 만든다.

진주 양반들은 비봉산 자락을 찾아 봄놀이를 즐겼다. 이팝나무, 베롱나무의 순이 돋고 진달래와 철쭉이 지천인 비봉산은 멀리서 바라만 보아도 눈가에 분홍빛이 물든다.

진주 교방화전은 꽃잎을 얹고 참기름에 지져 꿀에 담근다. 고소하고 단맛이 난다. 참기름은 양반의 것이고 들기름은 맛이 덜하다 하여 백성의 것이었다.

진달래를 통째로 으깨어 찹쌀과 섞어 쪄내기도 한다. 승산마을 김해 허씨 집안에서는 야생 진달래의 꽃술을 일일이 제거해 쌀가루와 섞는다. 진달래가 쌀가루보다 10배는 많아야 한다.

한 입 베어 물면 입 안 가득 번지는 꽃향기와 진달래술을 곁들여 마냥 기분 좋게 취하는 진주의 봄. 백성들은 즐거이 노래한다.

"남강물이 술이라면 / 우리 부모 대접하세 / 쾌지나칭칭나네
남강물이 술 같으면 / 우리 모두 마셔보세 / 쾌지나칭칭나네"

맥을 살리는 여름 보약 생맥산 生脈散

진주에 터를 내리고 자급자족하며 살아온 백성들에게 지리산은 넉넉한 곳간이었다. 깊은 흙이 키운 나물과 진귀한 과일을 얻었으며 좋은 약초들도 지리산에서 캤다. 주렁주렁 달린 대봉감이 온 고을을 가을빛으로 물들였고 모과는 아름드리로 자랐다. 여름의 한 복판에선 햇빛에 지친 석류가 알알이 쏟아질 듯 열매를 터뜨렸다.

우렁찬 동편제 가락이 지리산에서 탄생되었다. 국악의 창시자이자 진주 예인의 표상인 기산 박헌봉(1907-1977)을 낳았다. 대한민국 무형문화재인 진주검무도 기산에 의해 채집되었다.

최상품은 모두 관아로 들어왔다. 지리산의 이利를 가장 많은 본 곳은 관아였다. 작약, 시호, 맥문동, 백복령, 백복신, 구기자, 감국, 백출, 당귀 등 귀에 익은 한약재들이 한양까지 진상됐다. 조선통신사를 통해 일본으로도 건너갔다.

생맥산
음식진주
맥을 살리는 여름 보약

특히 맥문동과 인삼, 오미자를 달여 꿀을 넣어 마시는 『생맥산』은 17세기 초부터 진주의 특산품으로 꾸준히 이름을 올렸다. 이름 그대로 맥脈을 살려 원기를 보한다는 음료다.

오미자가 우러나 색이 곱다. 맛은 달고 시원하다. 재료를 구하기도 수월한 여름 보약이다.

조선왕조실록에 871번 등장, 영조의 알레르기성 비염 치료

생맥산의 최초 기록은 1247년 금나라의 고서 〈내외상변〉이다. 〈동의보감〉에는 '생맥산은 사람의 기를 돕고 심장의 열을 내리며 폐를 깨끗하게 한다'고 했다. 포스트 코로나 시대를 살아가는 현대인을 위한 안성맞춤 음료다. 코로나 후유증으로 몸에서 열이 나고 가슴이 답답하다면 생맥산을 달여 수시로 복용하면 효과적이다.

대궐에서는 침을 맞은 후에도, 뜸을 뜨고 나서도 전가의 보도처럼 생맥산이 처방됐다. 선조의 허혈과 백태가 끼며 맥이 불완전한 증세에도 생맥산이 효험을 보였고, 병자호란으로 자책감과 치욕을 겪은 인조의 울화병에도 생맥산이었다. 영조의 알레르기성 비염을 치료한 것 역시 생맥산이었고 스스로 몸이 더운 체질임을 알았던 정조는 경옥고보다 생맥산이 낫다고 하였다. 승정원일기에는 무려 871번이나 생맥산에 관한 이야기가 나온다. 과연 조선왕조 최고의 처방이었다.

수령의 수박
밀전서과蜜煎西瓜와
백성의 참외

불귀신이 나타난다는 남도의 여름은 용광로처럼 뜨겁다. 사나운 날씨와 싸우며 더위를 이기는 데는 시원한 수박만한 것이 없었지만, 달기로 유명했던 진주 수박은 워낙 귀해 수령의 음식이었다. 높은 이들은 수박을 먹었고 낮은 이들은 참외를 먹었다. 관아에서는 진주 수박을 인근 속현의 수령과 통제사에게 선물로 보냈다. 수박은 서양에서 들어온 과일이라 하여 서과西瓜라 불렀다.

수박의 꼭지 부분을 둥글게 도려내어 과육에 계피, 후추, 꿀을 넣고 중탕으로 쪄낸 다음 새끼줄에 매달아 찬 우물에 넣어 둔다. 수령의 다과상에 올리는 향긋하고 다디단 밀전서과다. 찬 성질의 수박에 계피와 꿀을 넣어 따뜻하고 이국적인 맛이다. '감로(단풍나무 수액)보다 낫고 제호(갈분 응이죽)보다 맛있다'는 여름 디저트다.

백성의 참외
밀전서과와
수령의 수박

조선시대 수박은 쌀 서너 말 값이었다. 세종 5년, 수박을 도둑질한 환관은 곤장 100대를 맞고 귀양을 가야 했다. 세종 12년에도 소근동小斤同이라는 대궐 노비가 주방에서 썩은 수박을 훔치다 발각되어 참형이 내려졌다. 다행히 수박의 상태가 진상품이 못 된다는 이유로 참형을 면하고 곤장 80대를 맞고 풀려났다. '수박 겉핥기'라는 말이 생길 정도로 백성들에게 수박은 꿈의 열매였다.

앉은 자리에서 수십 개, 민족의 과일 참외

백성들의 피서법은 남강가에서 참외를 먹는 것이었다. 밥 대신 참외를 먹으며 참외 먹기 내기에서 진 사람이 참외 값을 지불했다. 찌는 여름날 백성들은 날마다 참외를 가지고 강가에 나가 한 사람이 껍질째 몇십 개씩을 먹었다. 여름철이면 밥보다 참외를 더 많이 먹어 쌀집의 매상이 70%나 떨어질 정도였다. 구한말 조선을 방문했던 영국인 이사벨 비숍은 '조선인은 서너 명이 앉으면 참외 수십 개가 순식간에 사라진다'고 하였다.

오이보다 단 맛이 나는 참외는 진짜 오이라는 뜻으로 참+오이를 합해 참외가 되었다. 시원하고 사각거리는 참외의 식감을 잊지 못 해 장아찌를 만들기도 했다. 고추장이나 된장에 꾹꾹 박아두거나 간장에 넣어 돌로 눌러 두면 사철 짭조름한 반찬이 된다.

떡도 한과도 마음껏 먹을 수 없었던 조선의 백성들에게 참외는 여름을 이기는 민족의 과일이었다.

관아의 액막이 동지팥죽

새벽달이 뜬다. 기생의 눈썹처럼 가늘고 애처로운 하얀 그믐달. 깊은 어둠을 뚫고 귀신이 출몰한다는 동지冬至다.

'동지 팥죽'은 중국에서 유래됐다. 요순시대에 형벌을 담당했던 공공씨共工氏의 아들이 동짓날에 죽어 역질 귀신이 됐다. 그가 생전에 팥을 싫어해 동지에 팥죽을 쑤어 귀신을 쫓아냈다. 동지는 한 해 중 음陰의 기운이 가장 왕성한 절기다. 양陽을 상징하는 붉은 색으로 음의 기운을 막는다는 음양오행의 이치이기도 하다.

동지는 음력 날짜에 따라 달리 불렀다. 11월 1일부터 10일 사이에 들면 애동지다. 중순이면 중동지中冬至, 하순에 동지가 들면 노동지老冬至다. 애동지에는 아이들에게 좋지 않다 하여 팥죽을 먹지 않았다.

동지팥죽
관아의 액막이

죽조차 구하기 힘든 백성들에게 동지팥죽은 사치였다. 질병으로 어린 자식을 일찍 떠나보낸 백성들도 많았다. 애동지에 팥죽이 금기시 된 것은 가난한 백성들의 어깨에 내려앉은 무게를 덜기 위해 생긴 민간 속설일 것이다.

팔죽상에는 동치미와 과일 깍두기

진주성에는 상전들이 많았다. 팥죽상을 각각 한 상씩 차려 올렸다. 관아에서는 팥죽상을 작은 상이라는 명목으로 백성들에게 세금을 부과하였다. 연회상인 교자상은 큰상이었고 팥죽상과 떡국상은 작은 상이었다.

동지에는 소나무 가지에 팥죽을 묻혀 관아의 이곳저곳에 칠했다. 액막이 행사인 동지제사다. 아전은 부임하는 수령에게 관아에 귀신이 산다고 겁을 주기도 하였다. 악귀를 피하려면 길을 돌아가라느니, 재임 중 죽은 수령의 혼령이 나타난다느니 하는 말로 신임 수령을 현혹하기도 했다. 흉년이 들거나 기근이 들면, 수령의 덕이 부족한 탓으로도 돌렸다. 수령의 동지제는 관아의 엄중한 행사일 수밖에 없었다.

동지제는 민간에도 있었다. 팥죽을 장독대나 대문 앞에 뿌리기도 했고 집안에 병자가 있으면 길에 버리기도 했다.

팥은 한번 끓여 윗물을 따라내 독성을 제거하고 푹 삶는다. 새알심은 나이별로 먹는다. 찹쌀경단인 새알심은 팥의 찬 성분을 보하는 기능이다.

우리 전통 음식은 매우 과학적이다. 팥죽의 간은 소금이다. 설탕은 팥에 함유된 사포닌 성분을 파괴할 수 있으므로 가급적 넣지 않는 것이 좋다. 일제 강점기, 일본에서 설탕이 들어오자

부산 등 항구도시를 중심으로 단팥죽이 유행하기 시작했다. 일본은 설탕범벅인 단팥죽이다. 중국의 동지식은 찹쌀떡에 팥소를 넣어 삶은 탕위엔汤圆이다.

팥죽에는 과일 동치미를 곁들여 소화를 돕는다. 동치미에 삭힌 고추와 사과, 배로 향긋함을 낸다. 비트를 넣으면 빛깔이 곱다. 배나 감으로 만든 깍두기도 팥죽과 어울리는 음식이다.

마지막 어둠을 물리치는 날 동지. 잘 끓인 팥죽으로 액을 물리치고, 모두에게 행운이 깃들길.

섣달그믐의 양로식, 전약煎藥과 대구연포탕

봄에는 고아들을 위해 잔치를 베풀고, 가을에는 노인을 먹인다. 예기禮記의 규례이다. 추위가 닥치면 노인들이 병사하는 일이 많았다. 수령은 섣달그믐 이틀 전, 노인들에게 음식을 보냈다. 사대부가의 80세 이상인 자들이었다. 나이 들어 역役을 내려놓은 노비나 기생 같은 천민은 해당되지 않았다.

1890년 조선인의 평균수명은 35세였다. 좋은 것만 골라 먹은 임금도 고작 평균 46세를 살았다. 장수는 하늘이 내린 축복이었다.

다산 정약용은 〈목민심서〉에서 80세 이상 된 남자에게는 각각 쌀 한 말과 고기 두 근씩 예단禮單을 갖추어 보내 인사할 것을 권한다. 여자는 양이 적으니 조금 줄여도 무방하다고 했다. 90세 이상 된 노인에게는 진귀한 찬 두 접시를 더하라는 말도 덧붙인다. 유과, 약과, 건치(꿩포乾雉)라고 등속까지 명시했다. 19세기 조선에서 가장 비싼 간식이 유과, 약과, 건치였던 모양이다.

전약과 대구연포탕
섣달그믐의 양로식
음식
진주

아무리 큰 고을이라도 80세 이상 된 노인은 수십 명, 90세 이상 된 노인은 몇 명뿐이었다. 하사품으로 소비되는 물품은 쌀 두어 섬에 고기도 60근에 불과했다.

다산은 "기생을 끼고 광대를 불러 하룻밤을 즐기는 데 거액을 가볍게 내던지는 사람이 수두룩한데 노인에게 보내는 예단을 아껴서야 되겠냐"고 반문한다.

동지에는 특별히 노인을 위한 음식을 장만한다. 성질이 따뜻한 대구연포탕이다. 포획량이 줄어들면서 대구가 비싼 생선이 되어버렸지만 조선시대 진주에서 대구는 한 마리에 8푼으로 매우 저렴했다. 마른 민어 1마리가 대구 100마리 값이었다.

대구연포탕은 맑은 지리로 끓인다. 대구뼈를 푹 고아낸 국물에 생선살과 두부로 완자를 빚어 노인들이 드시기 좋게 만든다.

고려시대 팔관회의 진찬, 전약

노인들이 가장 우려한 것은 풍을 맞는 일이었다. 뇌졸중이다. 대구는 성질이 평하고 독성이 없다. 오메가3가 풍부해 혈압과 뇌졸중 등 심혈관 질환에 대비하는 약선음식이다.

양반가에서는 전약煎藥을 올렸다. 전약은 동짓날 궁중 내의원에서 임금께 올리던 보양식이었다. 임금은 전약을 신하들에게 하사했다. 자연스레 민가에도 퍼졌다.

전약은 우족과 우피, 내장을 끓여 식힌 아교를 이용해 양갱처럼 만든다. 정향, 후추, 대추, 꿀을 더하고 계피를 넉넉히 넣는다. 중국 사신에서부터 왜인들에 이르기까지 전약을 찾았다.

전약은 음식이면서도 약이었다. 명칭도 약藥을 달인다煎는 뜻이다.

해산물이 흔했던 진주에는 아교 외에도 생선뼈와 내장으로 만든 어교가 있었다. 어교는 아교에 비해 3분의 1가격이었다. 어교가 발달한 것은 고려의 문화를 이은 것이다. 전약은 고려시대 팔관회의 진찬이었다. 아들이 아버지를, 아버지가 할아버지를 섬겨온 양로의 전통. 그 사이 진주의 시간도 천년이 흘렀다. 2024년 기쁜 새해를 준비하며 임인년의 마지막 달력을 덮는다.

운수대통을 기원하는 정월떡과 섬만두

"정월에는 흰떡 범벅, 달떡 범벅..." 떡을 주제로 한 월령가 『범벅타령』에는 정월떡으로 두 가지가 등장한다. 부정을 제하고 안위를 상징하는 흰떡과 반달 모양으로 빚어 팥소를 넣은 흰색 달떡이다.

반만년 보릿고개를 넘어온 우리 민족에게 떡은 식생활에서 가장 으뜸이었다. 특히 정월에는 일체의 부정을 막는 의미로 흰떡을 안쳤다. 정월 고사 의례다. 정월에 지내는 고사를 "정월 떡 해먹는다"고도 했다.

안주인의 성의가 부족하면 떡에 김이 골고루 오르지 않고 가정에 불운이 깃든다는 속설이 있었다. 정월떡을 장만하는 안주인은 금줄을 치고 창호지로 입을 막았다. 이웃에 초상이 나도 모른 척 해야 했다. 말을 밖으로 내뱉어서도 안 되었다. 말을 하면 부정이 탄다고 해 삼갔다.

고사떡을 차려놓고 주인 내외가 나란히 절을 하곤 떡을 떼어 집안 곳곳에 던진다. 액막이다. '떡 해 먹을...', 같은 말은 떡을 해 고사를 지낼 만큼 흉흉함이 횡행한다는 뜻이다.

정월떡과 섬만두
운수대통을 기원하는

반만년 보릿고개, 민족의 신앙이었던 『쌀』

진주 관아에서도 백병白餠을 쪘다. 수령의 떡도 진주 백성들의 무탈과 운수대통을 기원하는 뜻이었을 것이다.

백병은 멥쌀 가루로 만든 가래떡이다. 진주에서는 잔칫상에 꼭 떡국을 올렸다. 무거운 쌀을 불리고 쪄내는 힘든 작업은 병마절도영에 소속된 30명의 취사병들이 맡았다.

만두를 큼지막하게 빚어 풍년을 기원하는 풍습도 있었다. 사대부가의 대만두는 만두 속에 알만두들을 넣어 보쌈처럼 만든 것이고, 섬만두는 속을 꾹꾹 눌러 쌀의 단위인 섬처럼 커다랗게 빚는다.

대만두가 사대부의 낭만이라면, 섬만두는 풍요를 염원하는 백성의 소박한 꿈이다.

쌀은 반만년 보릿고개를 넘어온 우리 민족의 신앙이었다. 가을걷이 때만 잠깐 먹어보던 쌀밥, 꿈에도 소원은 쌀밥 한 번 배불리 먹어보는 것이었다. 1970년대 통일벼가 생산되기 전, 양곡 수입은 우리나라 총수입의 10%를 차지했다. 국제수지 적자의 40%가 양곡 수입 때문에 발생했다. 밥을 먹고 나면 배가 빨리 꺼질까 봐 뜀박질도 하지 않았고 분량을 늘리기 위해 나물을 잔뜩 넣고 죽을 쑤어 먹었다. 60년이 채 못 된 역사다.

굶주림의 한을 "할 수 있다, 하면 된다"로 관민이 똘똘 뭉쳐 이룬 한강의 기적. 그것은 나랏님도 구제 못 한다는 반만년의 가난을 딛고 일어선 민족의 서사시로서 오늘의 대한민국을 있게 한 동력이었다.

귀신 쫓는 퇴마술, 도소주 屠蘇酒

조선시대에는 질병에 대한 두려움이 실로 컸다. 돌림병이 한 번 시작되면 한 마을이 통째로 붕괴되는 일도 있었다. 조선왕조실록에는 돌림병에 대한 기록이 자그마치 1,455건이나 된다. 병에 걸리면 무당을 찾거나 자가 치료뿐이었다.

16세기 명나라에 <본초강목>을 펴낸 이시진이 있었다면 조선에는 <동의보감>을 집필한 구암 허준이 있었다. 동의東醫는 중국의 동쪽인 조선의 의학이라는 뜻이다. 보감은 보배로운 거울이다. 임진왜란으로 민간에서 이용하던 의학서가 모두 사라지자 선조는 어의御醫 허준에게 의학서 집필을 명했다. <동의보감>은 그렇게 탄생됐다.

도소주
귀신 쫓는 퇴마술
음식진주

원인 모를 돌림병은 소리 없이 찾아와 백성들을 죽음으로 내몰았다. 백성들은 살기 위해 자구책을 마련했다. 정초의 도소주가 시작이었다. 섣달그믐에 약재를 베보자기에 담아 우물에 넣었다가 청주와 함께 끓이면 도소주가 된다. 관아에서는 둔전의 곡식으로 도소주를 담아 사악한 기운을 떨쳤다. 추석에는 햅쌀로 신도주를 빚었고, 단오에는 창포주를 마셨으며, 날 풀리는 봄에는 맑은 청명주요, 새해에는 도소주였다. 장수술이라 했던 초주도 어른들께 올리는 새해맞이 술이었다. 후추를 넣어 담근다.

〈동의보감〉에는 "백미, 대황, 천초, 거목, 길경, 호장근, 오두거피를 주머니에 넣어서 12월 회일晦日(그믐)에 우물에 넣었다가 정월 초일 평명平明(새벽)에 꺼내어 술에 넣고 잠깐 끓여 동쪽을 향해 마시면 1년 내내 질병이 없다."고 기록되어 있다.

술 이름에 "짐승 잡을 도屠"자가 붙은 것은 〈본초강목〉에서 "소회蘇魄라는 흉악한 귀신을 잡아 죽이는 술"이라고 했기 때문이다.

정초를 앞둔 관아에서는 경범죄수를 석방해 주는 사면도 있었다. 수령은 관속 가운데 가장 궁핍한 자에게 건어물과 젓갈, 과일과 인절미를 베풀고 소고기도 두 세근씩 나누어 준다. 동헌에는 횃불과 청사초롱이 휘황하고 관속들이 새해 인사를 온다. 차례대로의 문안이 끝나면 풍악 소리 자자하고 수십 명의 무동舞童들이 서로 화답하며 관아 뜰로 들어온다. 덩치 큰 이가 가면을 쓰고 동에 번쩍 서에 번쩍 고개를 들었다 젖히며 거만한 소리를 내는가 하면, 풍 맞은 사람 흉내를 내기도 한다. 귀신 묻는 놀이다.

수령은 도소주를 앞에 놓고 술 한 잔에 근심을 씻고 두 잔에 온화함을 이르며 석 잔 넉 잔에 취한다.

일본의 『오세치おせち』와 한국의 『설날 꽃밥』

일본의 설날 음식인 『오세치おせち』가 찬합에 담겨 백화점, 편의점 등지로 불티나게 팔리고 있다. 조리가 까다로워 젊은층들에게 외면받던 것을 적극적인 상품개발을 통해 전통을 살리고 부가가치 창출로 이어졌다.

1인 가구가 날로 증가하고 있다. 명절 음식 준비는 벅차다. 그러나 조금 특별한 맛으로 '나'를 접대하고 싶다. 필자는 설날 음식으로 도소주를 곁들인 떡산적, 바싹불고기, 나물 등을 찬합에 곱게 담은 『설날 꽃밥』을 개발해 놓았다. 내국인과 대한민국을 찾는 관광객들에게 좋은 선택이 되었으면 한다.

꽃처럼 살포시 썰어낸 생치 생떡국

석탈해는 신라의 4대 왕이다. 석씨 왕가시대를 열었다. 신라의 2대 왕 남해는 아들 유리가 아닌, 사위 탈해를 왕으로 삼으라는 유훈을 남겼다. 탈해는 왕이 되고자 하지 않았다. 태자에게 왕권을 이양할 생각이었다. 그러나 선왕의 유훈을 무시할 수 없었다. 떡을 입에 물어 잇자국이 많이 나는 사람을 왕으로 추대하자고 제안하였다. 젊은 태자의 잇자국이 더 많았다. 유리가 신라 3대 왕 이사금尼師今으로 낙점된 장면에는 떡이 있었다.

떡에 대한 기록은 삼국시대 원시 농경사회에서부터 나타난다. 고려시대의 떡은 고기나 생선이 없는 소선식素膳食으로서 발달하였고, 조선에서는 중국과 아랍의 영향을 받은 두텁떡까지 등장했다.

생치 생떡국
꽃처럼 살포시 썰어낸

방앗간이라고 해봤자 디딜방아, 연자방아 같은 재래식 기구뿐이었다. 가래떡은 집에서 직접 만들었다. 물에 불린 멥쌀에 소금간을 하여 절구에 곱게 빻아 고운 체에 거른다. 쌀가루를 익반죽하여 시루에 안쳐 찐다. 다시 떡메로 여러 번 쳐서 손으로 길게 모양을 내 만들었다.

공정 과정이 복잡하고 엄청난 노동의 결과물이 떡이었다. 인절미도 집에서 빻고, 거르고, 쪄내 떡메를 쳐 만들었다. 떡메는 남정네들만의 일은 아니었다. 명절을 치른 며느리들은 어깨 신경통을 달고 살았다. 시누이 시집보내려면 어깨가 빠진다고 했을 만큼 떡 만들기는 품이 많이 드는 고강도 노동이었다.

하늘닭으로 불린 꿩, 담백한 맛이 특징

가래떡을 대량으로 만들지 않고 쌀가루를 뜨거운 물로 익반죽해 즉석에서 만드는 생떡국도 있었다. "날떡국(생떡국의 다른 이름)에 입 천장만 덴다"는 속담처럼 서민의 생떡국은 반죽을 마구잡이로 뚝뚝 떠 넣는 하찮은 음식이었다. 반면 사대부가에서는 생떡국이 오히려 고급이다. 같은 재료지만 다른 메뉴다.

양반가의 생떡국은 쌀가루에 각종 천연염료를 넣어 색색으로 반죽해 길게 늘인다. 꽃모양으로 만들어 잘라내면 더 곱다. 찹쌀가루를 살짝 넣어 점성을 더하기도 한다. 자칫 모양이 흐트러지기 쉬워 살포시 잡고 썰어낸다. 입에 넣으면 부드럽게 녹는다. 주로 제사상이나 어른들의 밥상에 올렸다.

떡국의 육수로는 꿩만한 것이 없다. 누린내가 없는 담백한 맛이다. 꿩고기는 한자로 생치生雉다. 생치 생떡국은 떡국의 하이라이트이다.

꿩은 예로부터 신성한 것으로 여겨 '하늘닭'이라고 했다. 꿩이 귀해지자 대체물로 닭을 사용해 "꿩 대신 닭"이 되었다.

꿩사냥은 동지 후 세 번째 미일未日(십간십이지의 8번째 날)인 납일 풍속이다. 꿩사냥은 꿩을 모는 '털이꾼', 매가 날아가는 방향을 보는 '배꾼' 등 여러 명이 협업했다.

꿩을 잡고, 떡메를 치던 설날의 기억은 아득한 고전이 되어버렸지만, 아직도 겨울의 한 모퉁이를 돌아 스치는 잔잔한 그리움이다.

봄이 내어준 약선음식
도다리쑥국

관노 귀동이 아지랑이 햇살에 눈을 비빈다. 바가지 밥이나마 배불리 먹고 쑥을 캐러 나온 터였다. 애쑥이 뾰족뾰족 올라오는 들판에 봄이 오고 있었다. 문득 귀동의 발에 무언가 밟힌다. "이 어디 쓰는 물건이고?" 귀동은 관아로 달려가 그 예사롭지 않은 물건을 아전에게 바친다. 귀동이 발견한 것은 진주성 2차 전투 때 남강에 투신한 경상우병사 최경회의 인장이었다. 1747년 봄날의 일이다.

봄은 항시 쑥향으로부터 시작이다. 진주성 전투의 아픔을 뒤로 다시 진주의 주방이 열리는 계절. 봄철 입맛을 돋우는 진주의 탕湯은 단연 도다리쑥국이다. 알을 품어 지방이 풍부해진 도다리가 고소한 맛을 내는 철이다. 유통이 발달하기 전, 도다리는 서울에서는 구경할 수 없는 생선이었다. 진주의 향신료인 방아가 그렇듯 도다리는 서울 사람들에겐 낯선 생선이었다. 도다리쑥국이 전국구가 된 것은 입소문 덕분이었다. 시원하고 담백한 맛에 홍미를 느낀 외지인들이 도다리를 찾기 시작했다.

도다리쑥국
봄이 내어준 약선음식
음식
진주

딱 두 토막, 쑥은 꼭 손으로 뜯어야

쑥은 이른 봄 3월에 올라온 햇쑥이어야 부드럽고 영양이 풍부하다. 뿌리 쪽이 분홍빛을 띤다. 쑥은 칼로 자르면 섬유층이 파괴돼 쑥향이 사라진다. 반드시 손으로 뜯어 손질한다. 옛날 할머니들은 칼을 대면 식물의 맥을 끊는 것이라 하여 애호박도 주먹으로 가볍게 내리쳐 손으로 똑똑 잘랐다. 희한하게도 칼로 자른 것과 손으로 자른 것은 맛이 다르다. 전통은 토속적이고도 자연의 맛이다. 손맛은 전통에서 나온다.

도다리는 비늘을 긁고 대가리를 떼고 내장을 꺼내 손질한다. 내장을 꺼낼 때 알이 빠져 나오지 않게 조심조심 손질한다.

도다리쑥국을 끓일 때는 몇 가지 더 당부하고 싶다. 봄철 도다리는 크기가 작아 딱 두 토막으로만 자를 것. 세 토막으로 자르면 도다리가 국물에 풀어져 지저분해진다.

도다리의 4배 정도의 물에 된장을 풀고 반드시 비린내를 잡아줄 청주를 넣는다. 육수가 펄펄 끓으면 준비된 도다리를 넣고 익을 때쯤 쑥을 손으로 뜯어 한소끔 끓으면 바로 불을 끈다.

간은 국간장이다. 마늘은 소량만 넣고 쑥의 향을 감하는 파는 넣지 않는다. 도다리쑥국은 단백질이 많고 지방이 적어 환자가 있는 집에서 보양식으로 끓이곤 했다.

겨울이 물러간 바다가, 파랗게 물들어가는 들판이 아낌없이 먹거리를 내어주는 봄. 쑥향 가득한 밥상을 차리며 생명과 맞닿은 자연의 경이로움에 감사할 뿐.

가을을 진상하다, 진주의 중양절

가정숲도 개정숲도 넉넉한 가을빛이다. 삼짇날 강남에서 날아온 제비가 바다 멀리 되돌아간다는 중양절. 홀수는 양이고 짝수는 음이니, 9월 9일 중양절은 양이 겹치는 길일이요, 9자의 상징인 장수의 날이다.

진주향교에서는 양로연 잔치가 한창이다. 장막이 쳐지고 깨끗한 돗자리가 깔렸다. 수령은 아침 일찍 예복을 갖추고 자리에 선다.

관아에서 미리 준비한 음식은 들것架子에 싣고, 야외에는 임시 조찬소가 마련된다. 장수를 기원하는 국수에 떡, 고기, 생과, 유과, 전유어, 나물과 초장, 그리고 꿀까지 구색을 갖춰 차려진다.

진주의 중양절
가을을 진상하다.
진주

수령은 노인들에게 명아주로 만든 지팡이(청려장靑藜杖)를 선물한다. 중풍을 방지한다 하여 통일신라 때부터 내려오는 풍습이다.

진주의 중양절은 각별했다. 들판은 기름지고 토산은 풍족하여 절기식의 재료 모두가 진상품이었다. 진주 화채는 단언컨대 최고의 전통 음청류다. 오미자차에 해풍을 맞고 자란 튼실한 유자와 달기로 소문났던 진주 배를 가늘게 채 썰어 석류와 해송자(잣)를 띄운다. 화채 한 사발에 가을이 스민다. 오늘 하루는 느리기 살기다. 좋은 안주에 깊은 술동이를 옆에 두니 서두를 것이 없다.

술잔에 국화꽃을 띄우다, 『범국泛菊』

중양절엔 국화전을 지지고 국화술을 담갔다. 감국을 베보자기에 싸서 한 말 술독에 넣어두면 향긋한 국화가 겨우내 익어갔다. 맛도 향도 맑은 술이다. 술잔에 국화꽃을 띄우는 『범국泛菊』도 선비들의 소소한 낭만이었다. 술잔을 기울이며 주거니 받거니 시를 읊는 시주詩酒도 중양절의 풍류였다.

국화전은 찹쌀가루를 익반죽하여 꽃잎을 떼어내 얌전하게 돌려 무늬를 놓고 기름에 지진다. 꽃을 통째로 으깨 찹쌀가루에 섞는 진달래 화전과는 다르나 국화전의 향기는 진달래에 못지 않다.

국화며 석류, 유자, 배 같은 진주의 특산품들은 대궐로 진상되었다. 수령들은 매달 왕실의 경사나 탄신일, 행사에 조달할 품목들을 진상했다. 경기도는 매일 진상을 했고 지방은 한 달에 한 번 진상품을 올려보냈다. 진상품은 주로 현물로 바치기 때문에 썩는 일이 많았다. 부패를 방지하기 위해 소금에 절이거나 꿀에 재웠다. 왕족이 단명했던 원인 중 하나는 염도가 높은 음식 섭취로 인한 고혈압이었을 것이다.

남명 선생이 거처했던 지리산 『산천재』에도 국화가 가득하다. 산천재는 남명을 본받고자 했던 선비들의 성지였다. 그는 만 송이 국화에 이슬 맺힌 16세기 중양절을 시로 남겼다. 높은 이들이 채색옷을 입고 즐기는 날, 그는 술잔에 비춘 백성들을 보았다. 남명의 국화주는 세상을 보는 거울이었다.

가을이 익어가는 진주, 자색紫色 석류편

"이번 내진연 시 사용할 석류는 서울 저자에서는 구하기 어려워 훈령을 보낸다. 받는 즉시 도내의 생산하는 읍에서 5500개를 시가市價대로 사서 음력 10월 29일 이내에 본청으로 올려 보내되, 이는 막중한 행사에 사용되는 것이므로 잘 익고 흠이 없는 것으로 낱낱이 잘 가려서 단단히 포장하고 서기를 정하여 납부하도록 확실하게 알릴 것이며 값은 본청에서 별도로 지급할 것이니 실제 값을 통보하도록 훈칙해야 할 것이다."

1902년 <임인진연의궤> 중 진주성 관찰사에게 보낸 훈령

조선의 마지막 잔치였다. 고종은 1902년 임인년에 두 번의 잔치를 열었고, 다음 해로 예정됐던 즉위 40주년을 기념하는 칭경례를 준비했다. 성대한 대궐 잔치에 국가 예산의 9%가 소모되었다. 그러나 1903년 계묘년의 행사는 불발로 끝났다. 영친왕의 천연두 발병과 흉년으로 연기를 거듭하다가 1904년 러일전쟁이 발발했고, 일제에 의해 고종은 강제 폐위되고 말았다.

임인 진연(궁중잔치)은 어마어마한 규모였다. 기록의 나라였던 조선은 진연에 관한 것을 상세히 기록했다. 의궤儀軌다. 기

자색 석류편
진주
가을이 익어가는 진주

생의 이름은 물론 어린 기생(동기)의 명단까지 별도로 세밀히 적었다. 아쉽게도 진주 기생은 없었다.

여령(궁중잔치에 참여한 기생)들은 가장 낮은 대우를 받았다. 여령의 처소에 사용할 땔감, 등유, 숯을 합한 값이 2전이었다. 악사보다도 한 단계 낮았다.

진주의 시화市花, 논개의 입술처럼 붉은 석류

수천 개의 진주 석류는 대궐에 당도하여 한 자 2치(36센티)의 높이로 수백 개씩 고임상에 올랐다.

석류는 진주의 상징화市花다. 시인 변영로가 죽음을 입 맞춘 논개의 입술로 묘사한 석류는 다홍빛이 보석처럼 예뻐 주로 웃기로 많이 올린다. 화채에도 올리고 백김치를 낼 때도 뿌린다.

조선시대에는 화채의 진한 색을 얻기 위해 홍화꽃인 연지를 넣기도 했다. 홍화는 국화과의 잇꽃이다. 볼연지뿐 아니라 식용으로도 쓰였다. 부인병에 효험이 있다. 기름은 등화유로 썼다. 타고 난 검댕이는 홍화묵이 되어 최고의 상품으로 팔렸다.

새빨간 석류알은 익히면 고운 자색紫色으로 변한다. 은근한 불에서 쪄내 체에 내려 녹말과 꿀로 빚는다. 석류편이다. 앵두편은 다홍이고 석류편은 보라다. 앵두편은 여름 음식이고 석류편은 가을 음식이다. 석류 껍질은 잘 말려 두었다. 강력한 살충작용이 있어 주로 구충제로 쓰였다.

석류편은 맛이 새콤달콤하다. 레몬의 상큼함 같은 청량감도 스친다. 꽃상의 마지막을 장식하는 디저트다. 석류가 알알이 익어가는 진주에 어느새 석류 같은 가을이 붉게 와있다.

꽃샘 추위를 이기는 향설고 香雪膏

"기강이 무너진 너희 조선은 반드시 망할 것이다"

1587년 9월 1일, 오만방자한 일본 사신 다치바나 야스히로 橘康光이 조선 관리에게 내뱉은 말이었다. 그날 일본 사신의 숙소였던 동평관에서 잔치가 있었다. 침략자 도요토미 히데요시가 조선을 염탐하기 위해 보낸 자들이었다. 술자리가 질펀해지자 다치바나 야스히로는 연회석상에서 후추를 뿌려댔다. 관리, 악공, 기생 등 지위고하를 막론하고 후추알을 줍느라 북새통이 되었다. 질서도 체면도 없었다. 진풍경을 목격한 일본은 조선을 얕보았다. 후추는 귤강광이 던진 떡밥이었다. 임진왜란이 일어나기 5년 전이다.

향설고
꽃샘 추위를 이기는
음식 진주

전 세계 향신료의 5분의 1을 차지하는 후추는 인도가 원산지로 금값보다 비쌌다. 노예 열 명 값과 맞먹기도 했다. 후추는 한자로 호초胡椒라고 쓴다. 오랑캐의 향신료를 뜻한다. 후추는 비단길을 통해 송나라에 전해졌고 고려 때 수입됐다. 후추는 왕의 하사품이었으며 관리들의 뇌물이었고 귀족들의 전유물이었다. 백성들은 배의 속을 파내어 꿀배찜을 만들었고 귀족들은 배에 후추를 박아 수정과처럼 조렸다. 백성들의 향신료는 겨자와 마늘, 천채였고 귀족은 수입품인 후추를 사용했다.

위로와 회복의 산돌배, 치유의 음식

감기와 코로나 후유증에 좋은 향설고는 산돌배로 만든다. 껍질을 벗겨 신맛 나는 씨 부분을 수평으로 저미고 각진 부분을 둥근 모양으로 깎는다. 후추를 배에 통으로 깊숙이 박아 생강, 대추, 계피, 황설탕과 같이 끓인다. 유자즙을 더하면 매우 향이 좋다. 꿀은 먹기 전에 넣는다. 더 강한 맛을 내려면 도라지청도 좋은 배합이다.

화려하지 않되 향기 그윽한 돌배는 명약 중 명약이다. 폐를 깨끗이 하며 심장을 맑게 하고 염증을 없애준다. 기관지에 특효다. 성질은 따스하다. 위로와 회복이라는 꽃말 그대로 치유력이 강하다. 돌배는 일반 배에 비해 작고 단단하다. 오늘날 우리가 먹는 신고배 같은 재배종은 야생 배나무를 육종 개량한 것이다. 토종은 돌배다. 맛은 덜하나 항산화물질이 일반 배보다 몇 배나 많다. 꼭지를 따 껍질째 술이나 효소를 담기도 한다.

조선 후기 진주의 배生梨는 한 접에 1냥 6돈으로 홍시나 곶감보다 열배 이상 비쌌다. 가장 고급 과일이 배였다. 겨울철 수령이나 관리들의 상에도 배가 올랐다.

돌배는 속살이 치밀하여 목판 재료로 쓰였다. 고려의 팔만대장경을 제작할 때도 돌배나무는 제 몸을 나라에 내어주었다.

다디단 재배종에 밀려 천대받던 돌배는 코로나 이후 귀한 품종이 되어버렸다. 코로나 후유증으로 가슴이 답답할 때, 향설고가 이로운 음식이다. 꽃샘추위를 이기는 약선음식이다.

돌배를 구분하기 어려우면 산길을 걸어보라. 봄꽃 희게 핀 어느 봄날, 온 산을 뒤덮는 향기와 꽃비 내리는 풍경을 보거든 그것이 돌배나무다.

새 불을 기다리는 한식寒食, 백색 구절판

민속 신앙은 귀신을 섬긴다. 과학이 발달한 현대에도 귀신은 꺼림칙한 존재다. 아직도 '손이 없는 날'이어야 안심한다. '손'은 날짜에 따라 동서남북을 다니며 사람을 해코지하는 귀신이다. 손 없는 날은 귀신이 귀가 먹고 눈이 어두워져 인간사에 간섭하지 못한다. 귀신이 머물 곳이 없어 잠시 하늘로 올라간다는 날이다.

손 없는 날을 대표하는 절기가 한식이다. 만물에 생명이 있다고 믿은 고대인들은 불을 신성시 했다. 고대에는 묵은 불을 끄고 새 불을 피우는 예식을 치렀다. 불은 생명과 맞닿아 있었다. 차가울 한寒자가 붙는 한식은 설, 추석, 단오와 함께 우리의 4대 명절이다. 조선시대부터 지켜온 절기이니 역사도 유구하다.

백색 구절판
새 불을 기다리는 한식
진주음식

한식은 청명절과 같은 날에 들거나 하루 차이다. '한식에 죽으나, 청명에 죽으나 같다'는 속담이 그래서 생겼다.

한식에는 묵은 불을 사용하지 않는다는 의미로 찬 음식을 먹는다. 불은 식문화를 크게 바꿨다. 화식火食은 생식보다 소화 흡수율이 높다. 화식을 시작한 인류는 음식을 통해 더 많은 에너지를 축적할 수 있었다. 수명도 길어졌다. 불의 발견은 철기와 더불어 인류 문명의 시작이었다. 찬 음식은 주로 떡이었다. 양반의 음식은 절편과 인절미다. 인절미는 어찌나 맛있는지 그 맛을 끊을 수 없어서 참을 인忍에 끊을 절切을 조합해 인절미다.

쌀이 귀한 백성들은 개떡을 먹었다. 순우리 말 중 앞에 개犬자가 붙는 것들은 천시하는 표현이었다. 개떡은 쌀이 아닌 거친 보리에 쑥을 넣어 둥글게 되는대로 빚어 찌는 떡이다. 개떡을 견병犬餠이라고도 했다. 동서고금을 막론하고 음식은 곧 신분이었다.

항암 성분 플라보노이드의 공급원, 백색 음식

진주는 사철 해산물이 풍부하다. 차게 먹는 한식 음식으로 가장 좋은 것은 백색 해물 구절판이다. 마른 포 같은 것들로 채운 건구절판이 아닌, 진구절판이다.

백색에는 플라보노이드flavonoid 성분이 있어 항암 효과와 체내 산화 작용을 억제하여 유해 물질을 방출시킨다. 면역력 증진에 도움이 되는 약선 재료다. 전병은 미리 준비해 마르지 않도록 면보에 싸놓는다. 갑오징어, 뱅어, 도라지 같은 백색 재료를 채썰어 돌려 담고 흰 전병을 가운데 놓는다.

교방음식의 매력은 다양하고 신선한 재료와 참신한 창의성이다. 식재료가 풍부한 진주에서는 같은 재료로 다양한 레시피를 만들어 냈다.

백색 구절판이 그렇다. 전병에 하얀 재료들을 가지런히 놓고 전병으로 돌돌 말아 겨자장에 찍어 먹는다. 맛은 조화롭고 개운하다. 색다르고 건강한 남해 바다의 맛이다.

묵은 불을 끄고 새 불의 생명을 기다리는 한식. 손이 없는 정갈한 날을 위해 하얀 절편과 백색 구절판을 준비한다. 소멸과 생성이 만나는 날, 새 소망을 담은 백색 구절판.

4장

오방색의 향연, 진주 꽃상

아름다움에 반하고 맛에 취했던 기억

차가운 하늘 아래 흰 꽃이 핀다. 한천寒天이다. 어릴 적, 어머니는 겨울 햇볕에 한천을 널어 말리셨다. 눈꽃처럼 새하얘진 한천에 오방색 천연염료로 물을 들이면 잔치음식이 됐다. 『오방색묵 잡채』는 참 손이 많이 가는 음식이었다.

이토록 고운 교방음식들은 일제 강점기를 거치면서 계승이 끊겼다. 일제의 수탈은 날로 심해졌고 신식을 선호하는 문화가 진주에 팽배했다. 남해산 한천을 수탈한 일제는 양갱의 원료로 삼았다. 진주에도 한천묵이 아닌 양갱이 유행했다.

1908년 진주부 통영에 정착한 일본인 핫토리 겐지로는 1920년 3월 『통영 통조림주식회사』를 설립하고 통조림과 덴부(도미살로 만든 어묵)를 생산했다. 에도시대 때부터 일본의 길거리음식 패스트푸드로 인기를 끌던 어묵도 그렇게 진주까지 상륙했다. 일본식으로 일출정日出町이라 명칭을 바꾼 본성동은 일인들의 거주지로 일식문화의 중심이었다.

아름다움에 반하고
맛에 취했던 기억

송화松花의 향긋함과 오방색의 향연

1925년 경남 도청이 부산으로 이전하기 전, 진주는 무척 번화한 도청소재지였다. 사람과 물산이 진주로 모였다. 1906년 조선 이민을 알선하는 『한국권업회사』를 비롯해 『삼중정 백화점』 같은 일본 기업이 득세했다.

서울에 명월관이 있었듯, 진주에는 망월관이 있었다. 망월관은 일본인이 지은 단층건물로 당시 진주에서 가장 큰 조선요릿집이었다. 서울의 명월관처럼 망월관도 공연 무대가 설치된 현대식 공간이었다. 그러나 상업화된 요리상은 조선요리와 외식이 뒤엉켜 전통의 이름이 무색해져 갔다.

망월관 외에도 금곡원, 군현관, 진주관, 식도원 등 조선요릿집과 키요미, 오타후꾸, 다코히라 등의 일본요릿집이 성업 중이었다.

진주의 요릿집도 전통이 아닌 근대화된 조선을 표방했다. 무엇이든 신식이 아니면 외면당했다. 코스는 일본식 마즙부터 시작했다. 서울 명월관에 재즈 댄스와 샐러드, 햄 같은 신식문화가 유행하였듯, 권번시대 진주의 상업화된 밥상에는 풍부한 해산물을 재료로 일본의 스시 문화가 빠르게 유입됐다. 덴부김밥도 이때부터 유행했다. 50년대에는 진주에 신식요리 강습소까지 생겼다.

외세에 의해 계승이 끊인 교방음식을 찾아 복원하는 것은 진주의 역사를 따라 걷는 나만의 즐거운 여행이다. 좋은 쌀로 지은 밥, 지리산 생수로 담근 장, 오색 고명을 얹은 색채의 향연. 진주였기에 가능했던 풍요한 교방음식의 맛을 그려본다.

1970년대까지만 해도, 잔칫집 과방에는 교방음식의 잔재가 있었다. 어머니는 유명 숙수답게 익숙한 손놀림으로 문어를 오리고 가오리찜은 색색가지 고명으로 마무리하셨다. 떡 하나마다의 서로 다른 빛깔, 다식판에 꼭꼭 박아낸 송화의 향긋함, 그것이 아름다움에 반하고 맛에 취했던 내 유년의 기억이다.

한우의 조상 오키나와 물소

뜻밖이었다. 1427년, 유구국(오키나와)의 호족豪族이 물소 두 마리를 바친 것이다. 물소뿔은 각궁角弓을 만드는 최고의 군사무기였다. 조선이 수입을 요청할 때마다 명나라는 퇴짜를 놓았다. 번번이 고배를 마셔온 세종은 2미터나 되는 물소 뿔을 보자 뛸 듯이 기뻤다.

임진왜란 이후, 조총이 최첨단 무기로 등극했다. 물소의 값어치는 떨어질 수밖에 없었다. 물소는 따뜻한 남쪽지방에 분양되어 우리 소와 교배가 이루어졌다. 그렇게 탄생한 한우는 극동 최고의 자리에 오른다.

1903년 러시아 민속학자 세로셰프스키는 황실지리학회 탐사대의 일원으로 조선을 여행하면서 개화기 조선의 풍습을 구체적으로 조사했다. 그는 한우가 단일종이 아닌, 여러 종이 있으며 물소와의 교배가 이루어졌다는 사실을 확인했다.

오키나와 물소
한우의 조상
제비추리
안창
앞다리
갈비
채끝
설도
사태

일본 오키나와 현립 박물관沖縄県立博物館 에는 검은 물소를 이용해 농사를 짓는 과거의 생활상이 홀로그램으로 생생히 연출되어 있다.

아직도 진주목 함안군의 습지대에는 방목放牧이라는 지명이 남아 있다. 일제시대 때부터 우시장이 섰고 소싸움과 육회비빔밥도 진주의 명물이다. 진주에 소고기 문화를 심은 것은 세종기에 상륙한 물소였다.

소 한 마리에서 100가지 맛

소는 한 마리에서 100가지 맛이 난다 하여 일두백미一頭百味라고 했다. 소고기가 흔했던 만큼 관아에는 소고기 음식이 다양하게 발달했다. 〈진주읍지〉에는 갈비 외에도 소고기 포脯의 종류까지 상세히 기록되어 있다. 포는 크기에 따라 대, 중, 소로 분류되었다. 산포散脯는 고기를 넓게 썰어 양념해 말린 것이고 약포藥脯는 꿀을 넣어 말린 것이다. 편포片脯는 소고기의 힘줄을 손으로 일일이 제거하고 곱게 다져 양념한 일종의 육회다. 번철에 살짝 익혀 잣가루를 얹는다.

소고기 7근의 가격이었던 우두육(소머리)은 편육과 곰탕, 족편을 만든다. 진주의 자랑인 교방음식은 천년 고도古都 진주의 문화와 역사가 빚어 낸 조선조 최고의 접대식이다. 교방음식이 보급되어 대한민국 관광 인프라로 굳게 자리매김하길 바라본다.

진주성 전투, 일본 두부의 새 역사를 쓰다

작은 나라가 큰 나라를 섬긴다. 사대事大다. 조선은 명나라에 사대하는 '제후국'으로 존재했다. 명나라가 멸망하자 청나라를 섬겼다.

조선이 중국으로 보낸 공물들 중에는 조선의 처자들이 포함되었다. 황제의 첩이 된 양가집 규수도 있었고 술을 담거나 두부를 만드는 집찬비도 있었다.

명나라 황제 선덕제(재위 1425~1435)는 세종에게 "이번에 조선에서 보내온 집찬비들의 두부 만드는 솜씨가 지난 번 만 못 하니, 영리한 여자 열 명을 뽑아 잘 교육시켜 다시 보내라"고 주문서를 보냈다. 조선의 두부는 명나라 황실에까지 명성이 자자하였다. 그러나 그 명성이 말썽이었다. 임진왜란 때 지원병으로 조선에 온 명나라 군사들이 두부를 요구한 것이다. 전쟁의 혼란으로 군사들의 식사가 제때 지급되지 않자, 명나라 군대는 민가와 관아를 약탈했다. 조정에서는 "함부로 백성을 때리고 밥을 빼앗아 먹는 자"는 법에 따라 처벌하되, 군사들에게 지급할 식사의 규정을 정했다.

일본 두부의 새 역사를 쓰다
진주성 전투
음식 진주

고급 장교에게는 고기, 두부, 채소, 생선자반, 밥, 술 석 잔을 올리는 『천자호반』, 초급장교에겐 고기, 두부, 채소, 밥을 제공하는 『지자호반』, 일반 군사들에겐 두부, 새우자반과 밥인 『인자호반』이 제공되었다.

풍미 그윽하고 단단한 조선두부

최남선의 〈조선상식〉에 따르면 진주성 전투에 참가했던 박호인朴好仁이란 자가 왜적에게 붙잡혀 도사노쿠니土佐國 고치高知에서 두부를 만든 것이 근세 일본 두부제조의 시초다. 간혹 진주성전투가 아닌 웅천전투라는 설도 있으나 웅천전투는 반나절 만에 조선군의 시신이 산더미를 이루었다. 경상우병사 유숭인이 남은 군사를 이끌고 진주성으로 퇴각했고 왜군도 진주성으로 향했다.

진주성 전투 때 피로인이 되어 끌려간 조선인들은 짐승처럼 줄에 묶여 일본 노예 시장에 전시됐다. 진주 백성들이 워낙 많아 일본 교토의 요도강 기슭에는 '진주도晉州島'라는 마을까지 생겼다.

두부는 원래 사찰의 단백질원이었다. 조선시대 진주에는 사찰이 많았다. 쌍계사를 비롯해 서부경남의 큰 사찰들이 진주에 속했다. 양반들은 사찰에서 두부 먹는 모임을 가졌다. 두부의 육수를 내기 위해 닭을 잡았다. 승려들에겐 차마 못 할 짓이었다.

진주성에서 건너간 전통 조선 두부는 풍미가 그윽하고 단단하다. 두부에 켜켜로 양념한 쇠고기를 넣어 미나리로 묶은 두부선과 오색고명을 얹은 두부찜, 잘 끓인 연포탕은 나리들의 상에 오르는 귀한 차림 중 하나였다.

질박한 진주목 이순신밥상

‘尙何言哉 尙何言哉’

“무슨 할 말이 있으리오, 무슨 할 말이 있으리오”

1597년 선조가 이순신에게 보낸 편지 중

다섯 달 만이었다. “장형杖刑을 집행한 후 백의종군白衣從軍으로 공을 세우게 하라.”던 선조는 원균이 칠천량 전투에서 대패하자 이순신을 다시 삼도수군통제사로 임명하는 교서를 내린다. 임금의 편지에는 자책과 사과가 절절했다.

백의종군이란 계급장을 떼고 군사의 책무를 다하는 것이다. 원균의 모함으로 옥고를 치른 이순신은 다시 전투에 임하기 위해 600킬로미터가 넘는 길을 걸었다. 참담한 여정이었다.

그러나 가는 길목마다 백성들이 환영하며 가져오는 따뜻한 ‘밥’이 있었다. 백성들의 ‘밥’은 이순신이라는 등불에 거는 희망이었다.

충무공이 교지를 받은 역사의 현장은 진주 수곡면 원계리 손경례 선비의 집이었다. 그곳에서 충무공은 진주목사와 자정이 넘도록 군사회의를 갖기도 했다.

이순신 밥상
절박한 진주목

16세기 바다가 내어준 선물, 청어

난중일기에 기록된 이순신 밥상은 너무도 질박하다. 충무공의 일상식은 밥과 된장, 미역국, 청어 과메기에 무침채(강짠지) 정도가 전부다.

특히 청어는 16세기의 남도 바다가 내어준 큰 선물이었다. 충무공은 총 41만8,040마리의 청어로 병사들을 먹였다

1597년 7월 6일 맑았던 그 날. 충무공이 시렁 위에 올려놓은 중박계용 꿀은 꽃이 좋아 꿀도 많았던 진주에서 보내왔다. 진주목 수령들은 저마다 간절한 심정으로 음식을 바쳤다. 황소 다섯 마리, 소고기 꼬치, 돼지 한 마리, 추로주, 햅쌀, 조, 대구, 수박, 미역, 참기름 같은 것들이 진영에 도착했다.

백의종군 길에 초계 관리가 귀한 연포(두부)를 가져왔지만 얼굴에 오만함이 가득했다. 갓 끈 떨어진 전임 통제사를 대하는 그의 표정을 장군은 놓치지 않았다.

전장에서도 삶은 계속됐다. 무참한 시간을 비집고 절기도 어김없이 찾아왔다. 유두날에는 유두면과 보리수단을 만들어 먹었고 동지에는 팥죽으로 온 군사들이 액을 막았다. 약식과 상화병(찐빵), 국수도 진영에서 만든 특식이었다.

16세기의 밥상은 현대와는 식재료부터 다르다. 노루고기와 곰발바닥이 최고였던 시대다. 진주 교방음식은 원형을 기본으로 복원이 아닌 재현이어야 한다. 중국 만한전석의 비서秘書가 문화혁명 때 불타 흔적도 없이 사라졌지만, 재현한 만한전석이 중국 최고의 잔치음식으로 세계인의 이목을 집중시키고 있듯이.

남명 선생의 밥상을 그리다

진주는 옳을 의義를 숭상해 왔다. 기질이다. 그 중심에는 진주 출신 대학자 남명 조식이 있다. 남명 선생은 57세가 되던 해인 1558년(명종 13) 음력 4월 11일부터 25일까지 지리산을 유람했다. 사천에서 배를 타고 섬진강을 거슬러 하동 쌍계사를 거쳐 지리산에 올랐다.

진주 목사, 고성 현감 등 진주목 수령들도 함께했다. 악양과 화개의 아전들이 인사 왔고 진주 관리들도 문안했다. 절에서는 중이 산나물과 과일로 접대하였으며 사천 현감은 소를 잡아 잔치를 열었다.

당대에도 한식의 최고 가치인 발효과학이 눈부셨다. 고조리서에는 생선을 쌀밥과 소금에 발효시킨 어식해, 꿩고기 식해. 도라지와 죽순으로 담는 식해도 기록되어 있다. 닥나무 이파리를 넣은 송이버섯 김치는 맛의 궁금증을 더한다. 송이는 삶아 하룻밤을 재우고 삶은 물과 함께 항아리에 담아 차게 둔다. 띠풀을 얹고 돌로 눌러둔 채 열흘이 지나면 송이를 건져내고 물을 갈아 다시 담근다. 이십일 동안 자주 물을 갈아주면 송이가 해를 지나도 맛이 그대로다. 수박도 복숭아도 살구도 소금과 꿀로 저장했다.

진짓상을 그리다
남명 선생의
음식 진주

조선의 국민주 단술醴酪齊

4월 14일 남명은 자형과 함께 사천 구암리에 위치한 강이剛而 이정李楨(1512 ~ 1571)의 집에서 묵는다. 청주 목사였던 강이가 일행을 위하여 전도면剪刀麵 · 예락제醴酪齊 · 하어회河魚膾 · 백황단자白黃團子 · 청단유고병靑丹油糕餠 등을 마련했다.

전도면은 칼로 자른 국수인 칼국수다. 동시대에 편찬된 고조리서 〈수운잡방〉에는 소고기를 국수처럼 얇게 썰어 밀가루를 입히고 된장국에 끓여내는 육면이 있었다.

예락제는 감주라고도 하는 단술이다. 중국 주나라에서 유래됐다. 되직한 밥에 누룩을 넣어 삭힌다. 발효가 완전히 일어나지 않아 알코올 도수가 낮으며 단맛이 난다. 엿기름으로 만드는 식혜와는 다른 음식이다. 영조의 삼엄했던 금주령 기간에는 모든 술을 단술로 대체했다. 종묘제례나 사신 접대에도 단술이었다. 단술은 궁중에서부터 백성에 이르기까지 조선의 국민주였다.

남명의 진짓상에는 민물고기회인 하어회도 올랐다. 찹쌀경단을 두 가지 빛깔로 빚어 삶은 백황단자도 있었다. 황색 단자는 쌀가루에 치자 물을 들여 빚는다. 당대에는 치자 물로 황반黃飯을 짓기도 했다. 치자는 열을 내리고 염증을 없애주며 음식이 상하는 것을 방지한다. 단자에 밤가루나 팥가루, 유자채, 밤채, 대추채 같은 고명을 붙여 만든다.

청단유고병은 청명절에 먹는 중국의 절기식이다. 중국에서는 떡반죽에 돼지기름을 넣고 쪄낼 때도 기름을 바른다. 그래서 기름 유油자가 붙는다.

칼국수를 토장국에 끓인 국수전골, 생선회, 서너 가지 떡과 단술을 곁들인 선비의 밥상은 조촐하면서도 구색을 갖춘 느낌이다.

남명은 지리산에서 세 사람을 마음에 새긴다. 한유한과 정여창, 조지서다. 불의와 타협하지 않고 신념과 실천으로 맞선 인물들이다. "책을 덮고 현실로 나아가라" 했던 남명 조식. 칼을 차고 방울을 흔들어 스스로를 깨우던 그의 발자국이 눈 덮인 지리산 어디에선가 오늘의 진주를 깨우고 있다.

남명 선생의 주안상을 그리다

1558년 그해, 지리산을 유람한 남명 선생 일행은 자주 술잔을 기울였다. 산에서는 주로 나이 든 연배의 순으로 자리를 정했다. 술자리는 대체로 유쾌했으며 선현들을 생각하며 공감을 나누는 시간이었다.

진주가 배출한 당대 최고의 지식인 남명 선생의 주안상을 그려보는 것은 가슴 벅찬 일이다. 봄이 더없이 물든 지리산의 풍경과 스치는 산꽃 향, 그리고 제철 음식으로 차리는 16세기 선비들의 지리산 주안상이 진주 교방음식의 첫번째 기록이기 때문이다.

꿩수제비, 꿩만두, 꿩포

4월 24일, 장끼 한 마리가 끽끽 울다 날아간 횡포역橫浦驛에 이르러 남명은 가방에 들어있던 과일과 말린 꿩고기를 안주삼아 추로주秋露酒 한 잔을 마셨다. 대숲 이슬을 받아 담는 추로주는 매화주와 함께 진주 선비들이 즐기는 술이었다.

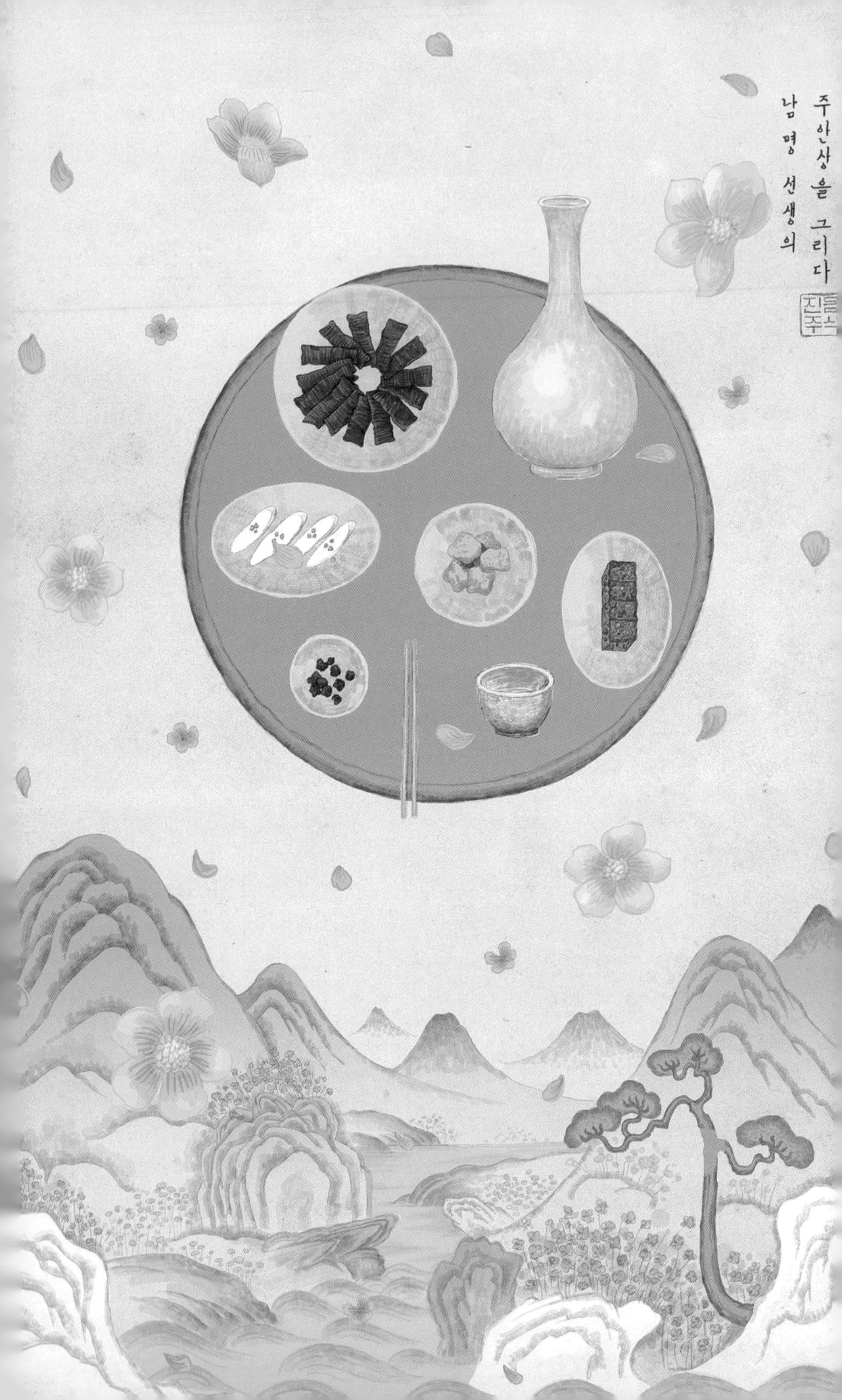

주안상을 그리다
남명 선생의
진주

진주는 대나무 열매인 죽실을 먹고 자란다는 봉황의 전설이 깃든 곳이다. 봉황이 사는 곳은 인재가 끊이지 않는다 하였다. 진주는 정승만 9명이나 배출한 인재의 산실이었다.

1619년 문신 박여량도 지리산에 올라 추로주를 마시고 일출을 맞았다. 박여량은 남명을 그대로 빼어 닮은 내암 정인홍의 수제자다. 박여량은 남명이 마지막에 은거한 덕산을 바라보며

"천길이나 되는 봉우리 위에서 선생의 크게 은둔하신 기상을 바라보니 또 천 개의 봉우리를 보는 격이다"라고 소회를 적었다.

남명 선생이 안주로 드신 꿩고기는 말린 생치포다. 꿩은 경상도의 진상품이었다. 수령들은 진상할 수량을 맞추기 위해 동분서주했다. 매로 잡은 꿩은 상처가 있어 백성들이 손으로 잡은 것이라야 진상품이 되었다. 심지어는 임진왜란의 전쟁 중에도 백성들은 꿩 진상을 위해 산속을 헤맸다. 선조 29년(1596) '백성들이 가엾으니, 혹시 손상된 꿩이라도 바칠 수 있도록 허가해 주시라'고 진언하자 왕이 큰 도량으로 윤허하였다.

꿩고기를 칼로 저며 메밀가루를 묻힌 꿩수제비, 생치만두 같은 것들은 양반만 먹을 수 있는 특별한 음식이었다.

냉장고가 없던 16세기였지만, 생과일을 저장하여 이듬해 봄까지 먹었다. 뽕나무 재를 항아리에 담아 과일 꼭지가 밑으로 오게 놓고 항아리를 진흙으로 봉하여 얼지 않게 묻어두었다. 인절미에도 꿀과 과일채를 입혔다. 밤, 대추, 그리고 곶감채를 넣은 잡과편이다.

진주의 주안상에는 떡이 오르는 게 특징이다. 남명 선생의 주안상에 잣을 꿀로 졸여 작게 썰어낸 고소한 백자병, 더덕을 꿀에 담가 쌀가루를 입혀 쪄낸 향긋한 더덕병을 차려본다. 달걀에 진말(밀가루)을 살짝 섞어 장국에 말아낸 16세기 난면卵麵도 부담스럽지 않게 드실 수 있는 좋은 탕이 될 것 같다.

철쭉이 만발했을 500여 년 전 지리산, 남명의 순례길을 따라가 칼 찬 선비 앞에 따뜻한 주안상을 들여놓는다.

논개의 제향에 사슴고기를 올리다

"한 사람의 왜적이라도 죽일 수 있다면, 나 하나는 비수되어 적의 심장에 꽂히리라."

1593년 여름이었다. 논개의 결심은 비장했다. 얼마 남지 않은 삶의 끝에서 바라보는 익숙한 남강이 서럽게 진주를 휘감고 흘렀다. 달도 희미한 그 밤에 왜적들의 잔치가 있다 했다. 논개는 아끼던 여름옷 한 벌로 곱게 단장하고 원수를 휘감은 손마디가 풀릴 새라 손가락마다 단단히 가락지를 꼈다. 왜적들의 자축연이 질편해지자 논개는 죽음이 소용돌이치는 남강 바위에 홀로 섰다. 적장이 다가가자 논개는 왜장을 힘주어 안은 채 만길 낭떠러지로 가라앉는다.

진주의 봄은 전통축제인 『논개제』로 마무리된다. 논개는 천상의 별이 되어 다시 진주에 내렸다. 『의암별제』는 알려진 것과는 달리 1864년 경상우병사 이교준이 처음 신설하였다. 1868년 진주 목사 정현석이 시행한 것보다 4년 앞선 것이다. 이교준은 탐관오리 백낙신이 물러가고 병사로 부임하여 의암별제를 신설했다. 『진주민란』으로 흩어진 민심을 수습하기 위해서였다.

사슴고기를 올리다
논개의 제향에
진주

술쌀 한 말에 닷 되의 누룩, 소금에 절인 사슴고기

『의암별제』에는 국수, 밥, 국, 술, 적, 탕, 간, 수박, 포, 식혜가 진설 되었다. 조선시대에는 의암별제와 별도로 논개를 추모하는 『촉석강변의기제矗石江邊義妓祭』가 있었다. 논개의 사당인 『의기사』에서 유교식으로 지냈다. <진주목읍지>에 따르면 제수로는 술쌀 한 말에 닷 되의 누룩으로 술을 직접 빚었고 특별히 소금에 절인 사슴고기鹿醢를 마련했다.

귀한 사슴고기는 각 도마다 대궐에 바치는 진상품이었다. 1790년 청나라 황제 건륭제는 북경을 방문한 조선 연행사들에게 어탁에 놓인 떡과 사슴고기를 주었다. 태종은 사슴고기로 중국 사신들을 접대했고 세종은 관아의 사슴고기를 빼돌린 의주 목사와 판관을 귀양 보냈다.

사슴은 녹용뿐 아니라 성질이 맑고, 전체가 사람에게 이롭다. 논개의 제향에만 특별히 사슴 고기를 올린 것은 그 깨끗하고 올곧은 충절을 기리는 의미가 깊다.

1895년 진주관아의 제례, 헌관의 밥상

조선은 인문학의 나라였다. 태조 이성계는 유교적 인재양성에 힘썼다. 세종 때에 이르면 전국 329개 지역에 향교가 세워졌다. 향교에서는 학문과 제사를 같이 가르쳤다. 공자와 그의 제자들의 위패를 모신 대성전은 향교의 가장 중요한 건물이다.

위패는 죽은 사람의 이름과 죽은 날짜를 나무 팻말에 적어 놓은 것이다. 그 위패에 영혼이 있다고 믿었다. 부임하는 수령도, 떠나는 수령도 문묘에서 인사를 올렸다.

거란의 십만 대군을 무찌른 고려의 강민첨 장군, 조선의 재상 하륜, 고려말 문신 정을보 등 진주의 토성인 강, 하, 정씨 가문의 인재들이 진주향교에서 수학했다. 봄, 가을로 공자와 선현들을 기리는 석전대제(국가중요무형문화재 제85호)를 지낸다. 삼국시대부터 내려오는 의식이다.

헌관의 밥상
진주관아의 제례
1895년
음식 진주
鳳花樓

석전제는 지방 수령이 주관하였다. 수령에게 부과된 중대 임무였다. 오성위五聖位(공자·안자·증자·자사·맹자)의 위패를 잘못 모시면, 감영까지 보고되어 문책을 당했다.

13인의 밥상에 참기름만 8리터

석전제는 술 담글 쌀을 덮는 종이만 100장이 넘는 큰 규모였다. 황률이 4말, 생률이 1섬 1두나 되었다.

1895년, 진주향교의 석전제 때 술을 올린 헌관은 총 13인이었다. 헌관 역시 특별한 대우를 받았다. 하루 세끼 식사에 죽은 따로 제공되었다. 진주읍지에 기록된 분량이 봄, 가을 2회분을 합한 것이라 해도 1인당 쌀이 45컵이나 되었다. 달걀은 9개, 굴비는 6마리였다.

임진왜란 중 조선인 군사 1인당 소비량은 하루 21컵이었다. 헌관에겐 전시의 군사보다 2배가 넘는 엄청난 분량이 할당되었다.

쌀뿐만 아니었다. 닭, 약포, 밀가루眞末, 젓갈, 미역, 건어, 굴비 등 놀라울 만큼 풍성한 밥상이 차려졌다. 장, 소금, 참기름에 생강까지 양념의 분량도 정확히 기록되어 있다. 교방음식의 실체를 찾을 수 있는 근거다. 교방음식은 참기름이 넉넉히 들어가는 것이 특징이다. 헌관의 밥상에는 참기름만 8리터가 소요되었다.

땅을 다스리는 사신社神과 곡식을 다스리는 직신稷神께 올리는 사직제도 있었다. 중국 한나라 때부터 내려오는 전통이다. 풍요와 안녕을 비는 제사다. 상봉동에 위치한 사직단에서 올렸다. 사직제의 헌관은 총5명, 밥상은 쌀이 14컵, 명태 2마리, 생선 1마리, 미역 2립, 달걀 4개 등 석전제에 비해 약 3분의 1 수준이었다.

987년(고려 성종)에 건립된 진주 향교는 문향文鄕 진주의 상징이다. 오늘날 교육도시 진주를 만든 모체다. 126개 계단을 올라 잠시 시간을 돌려본다. 진주의 향기가 뉘엿한 가을빛에도 선연하다.

당나라에서 온 두텁떡, 진주 필라饆饠

과거시험은 조선 선비들의 로망이었다. 천민이 아닌 이상 누구나 응시기회는 주어졌다. 평균 경쟁률 2,000대 1의 로또였다.

지방 관아의 백일장은, 과거에 낙방한 유생들의 사기를 진작하고 과거를 향한 유생들의 열망을 응원했다. 낮에 치러진다 하여 백일장이다. 수령이 주관한다.

합격자는 포상으로 독상을 받았다. 흔하게는 국수와 떡麵餠, 과일生果, 유과油果, 삶은 고기熟肉, 침채沈菜가 한 접시씩 올랐다. 채점관들에겐 더 많은 음식을 대접했다. 수고에 대한 사례다.

진주필라
음식 진주
당나라에서 온 두텁떡

풍류객들이 삼삼오오 모여 보름달이 뜬 밤에 문장을 겨루는 망월장望月場도 있었다. 1891년 진주목 함안 군수 오횡묵의 일기에는 독특한 음식이 등장한다. 지인들과 함께한 시회詩會에서 '필라'를 먹었다는 기록이다.

단짠의 원조, 유자 필라

필라饆饠는 페르시아어인 'Pilaw'의 음을 그대로 본떠 만든 한자어다. 당나라의 수도였던 시안은 실크로드의 출발점으로 동서양의 문화가 만나는 교통의 요충지였다. 비단길을 따라 이슬람 회족들이 이주하면서 아랍, 페르시아 음식들도 전파됐다. 중동의 필라우Pilau와 우즈베키스탄의 필라우Pilaw 등은 볶음밥이고 러시아의 피로시키Пирожки, Pirozhki, 폴란드의 피에르기 Pierogi는 튀김만두다.

필라는 헤이안 시대(710~784)에 일본으로 건너가 화과자가 되었고, 우리에겐 두텁떡이 되었다. 두꺼비처럼 생겼다고 하여 붙은 이름이다. 사루에 앉힐 때 소복하게 놓아 '봉우리떡'이라고도 했다. 두툼하게 하나씩 먹는다는 뜻으로 두터울 후厚를 넣어 '후병厚餠'으로도 불렀다.

근대에 들어 중국에서는 월병, 튀김만두, 라이스롤 형태의 전병 모두를 필라로 총칭한다. 게살을 넣은 해필라蟹饆饠는 전병이고, 화필라花饆饠는 꽃모양의 만두다.

진주는 흙이 기름져 벼농사가 풍부했다. 국수보다는 떡문화가 발달했다. 진주의 두텁떡은 유자를 넣어 향긋한 맛을 낸다. 남해 바람과 산소 물방울이 키운 진주 유자는 수백 년에 걸쳐 진주의 토산에 올랐다.

두텁떡은 찹쌀가루를 간장과 꿀로 비벼 체에 내린다. 유자청과 대추, 밤, 잣 등을 섞어 소를 만들어 찐다. 팥고물에도 꿀이 들어간다. 공정이 까다롭고 재료도 고급이다. 단짠의 원조다.

교방음식은 비빔밥뿐 아니라 지역 명물로 내세울 만한 차림들이 많고도 많다. 경상도 음식은 맛이 없어도, 진주의 음식은 맛있다.

선비들의 술, 추로주와 전복김치

"봉황은 오동나무에 깃들고 대나무 열매인 죽실을 먹는다." 전설이다.

대나무는 큰 흉사를 앞두면 수만 섬의 죽실을 맺고 고사한다. 다 내어주고 의롭게 죽는 진주정신과 닮았다. 조선시대, 조정 인재의 절반이 진주에서 배출된 것을 봉황鳳凰의 상서로운 기운 덕으로 여겼다. 진주에 봉황이 들어간 지명이 유달리 많은 것도 이 때문이다.

진주성 병마절도사의 처소인 내아에서 요령(놋쇠 방울) 소리가 들린다. 수령이 일어났다는 신호다. 조반을 올리기 전 초조반 죽상粥床을 차린다. 죽실가루에 밤가루, 감가루를 넣어 죽을 쑤고 지리산 오미자와 인삼, 맥문동 등을 달인 8미차八味茶를 곁들인다. 공사公私로 골몰하는 수령의 답답한 속을 풀어주는 특미다.

죽실가루로는 국수를 만들어 먹기도 했다. 진주 선비 이수안(1859~1929)은 〈매당집〉에서 죽실면을 별미라고 표현했다. 지리산에 죽실이 열리면 외지인의 발걸음도 이어졌다.

초로주와 전복김치
선비들의 술

대나무발 새벽이슬로 담는 술

가을이면 선비들은 남강 저편 대나무밭에 큰 그릇을 두어 새벽이슬을 받아 추로주를 담갔다.

전통주인 청주다. 쌉싸름하면서도 톡 쏘는 맛의 추로주는, 정신을 들게 만든다 하여 선비의 술이라고도 했다.

추로주는 선현들의 지리산 여행기에 자주 등장한다. 진주 정신의 뿌리인 남명 선생이 지리산을 여행하면서 마신 술도 추로주였다. 동의보감에서는 맛이 극렬하여 혈을 뚫어주는 처방이다. 조선시대 진주 관아에는 조선 3대 명주인 죽력고竹瀝膏도 있었다. 생죽력은 1선(국자)에 3돈 5푼이나 했고 죽력고는 세 배로 값을 쳐주었다.

추로주에는 전복을 곁들인다. 싱싱한 전복에 유자껍질과 배를 채 썰어 넣는다. 전복의 쫄깃한 식감과 배, 유자의 향긋함이 어우러진 남도의 김치다.

전복은 17세기 광해군기에 편찬된 〈진양지〉를 비롯해 19세기 경상 관찰사 김세호가 쓴 〈교남지〉에 이르기까지 진주의 특산품으로 꾸준히 이름을 올렸다. 조선 말 진주에서 전복은 큰 것 10개인 1곶이에 6돈으로 갈비 2짝 값이었다. 양반의 음식이었다.

진주교방 꽃상에는 한양이나 내륙에서는 맛볼 수 없는 진귀한 음식들이 올랐다. 한양 관리들이 진주로 발걸음을 재촉할 만도 했다.

진주 은어밥과 매실소금

국립무형유산원에서 발간한 『진주의 무형문화유산』 편에는 진주의 명물 음식으로 비빔밥과 냉면, 은어밥이 등재되어 있다. 조선시대 진주 관아에서는 하동에서 은어를 들였다. 하동현 청암면 백성들은 은어 2,000마리씩을 관아에 바쳤다. 신선한 수박향이 나는 청암의 은어는 배를 따 손질하고 밥이 끓어오를 때, 밥 속에 꽂아 밥이 다 되면 꼬리를 잡아 빼 뼈를 추린다.

조선 후기 진주의 은어는 1마리에 5푼으로, 4푼인 오징어보다 몸값이 높았다. 은어는 비린 맛이 없어 살만 발라 밥 지을 때 같이 넣기도 한다. 은어밥에 콩나물을 넣기도 한다.

벚꽃 엔딩과 함께 섬진강은 온통 은어로 반짝였다. 은어는 석빙고에서 얼려 한양까지 진상했으나 임금님도 갓 잡아 올린 섬진강 은어는 맛볼 수 없었다.

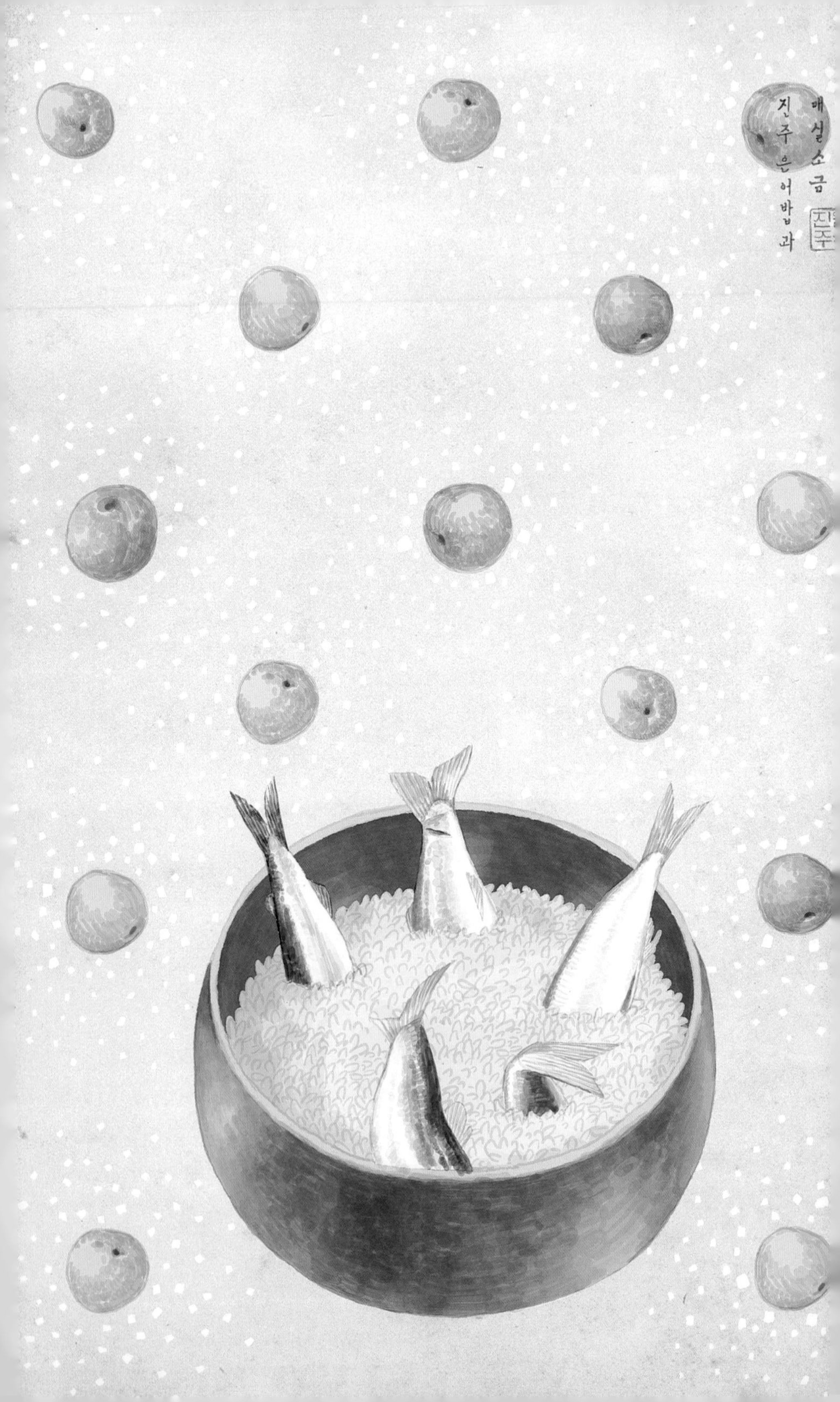

매실소금
진주 은어밥과
진주

그윽한 감칠맛과 아련한 뒷맛, 황매실 소금

남강에는 낚시를 하는 백성들이 많았다. 잉어도 쏘가리도 남강에서 잡았다. 수령은 민물고기 회를 안주로 술잔을 기울인다. 회에는 매실 양념을 치면 최고라 했다. 바쁜 수령의 소소한 여유와 소박한 주안상이다.

매실 양념은 매실소금인 백염매白鹽梅다. 매실은 진주의 특산물이었다. 반쯤 붉어진 황매실을 소금에 넣었다가 말리기를 반복하면 매실에 소금기가 묻어 흰 빛을 띤다. 백염매는 국에도, 냉면에도 빠짐없이 들어갔던 천연 조미료다. 서양의 레몬소금보다 청량하고 상큼하다. 고기나 생선 모두 잘 어울린다.

정조 임금은 우의정으로 책봉된 김이소에게 "소금과 매실이 그 맛을 고르게 하듯 조정이 화락하는 것이 나의 뜻"이라고 했고, 인조 실록에는 "국羹을 조미할 때에는 반드시 소금과 매실을 사용한다"고 하였다.

백염매는 매실의 신맛 그대로 풍미를 살린 것이다. 매실 문화는 현대에 들어 매실청으로 바뀌었지만, 조선시대에는 설탕이 귀해 주로 소금으로 진액을 내 사용했다.

선비들은 겨울 매화를 화병에 꽂아 꽃에 취하고 술에 취했다(매화음梅花飮). 매실 소금은 입안에서 그윽하게 감돈다. 뒷맛의 여운이 매화꽃처럼 아련하다.

사계절의 자연이 있는 교방꽃상은 웰빙을 넘어 몸과 마음을 치유하는 힐링식이다.

전통 그 이상의 가치, K샐러드 단자김치

동서고금을 막론하고 정치와 사건은 밥상을 바꾼다. 반결구종인 조선의 단배추(얼갈이배추)가 속이 꽉 찬 중국 산동성의 결구배추로 바뀐 계기는 임오군란이었다. 신식군에 비해 형편없는 처우를 받은 구식군대가 저항하자, 고종은 청나라에 원조를 청했다. 청군의 영향력이 막강해졌고 일본군대까지 떼거지로 대궐에 주둔하였다. 청나라와 일본의 상인들이 들어와 활개를 치며 영세업자인 조선의 상인들을 밀어냈다.

단배추는 병충해에 약하고 기온차에 크게 영향을 받았다. 생육기간도 길었다. 1923년 11월 수해로 배추농사가 흉작이 되자 대궐과 귀족들이 배추를 독점했다. 막강한 재력과 권력으로 백성들의 밥상을 점령했다. 상황이 이러하니, 배추는 뇌물로 쓰였다.

진주의 명물 옥하숭 배추의 생산이 그친 것도 도장관(관찰사) 때문이었다. 도장관은 대궐에 진상할 목적으로 옥하배추를 모두 거둬들였다. 농사를 지어봤자 모조리 빼앗기니 백성들은 옥하숭 농사를 포기했다.

단자김치
음식 진주
전통 그 이상의 가치! K샐러드

개성에는 보쌈김치, 진주에는 단자김치

교방음식의 특징은 한 입 크기다. 길거나 크면 수염에 걸릴 수 있어 배려의 차원이었다. 옥하숭 배추로 담은 단자김치는 귀족들의 음식이었다. 개성에 보쌈김치가 있다면 진주에는 단자김치가 있다. 개성 보쌈김치가 고려 왕족들이 먹었던 음식이라면, 진주 단자김치는 고려 귀족들의 상에 올랐다. 고려의 귀족들은 진주를 본관으로 하는 강, 하, 정씨다.

단자김치는 배추의 어린 속대만 골라 천일염에 절여 보쌈김치처럼 소를 넣어 돌돌 말아낸다.

한 입 크기다. 고구마, 실고추, 석이버섯을 머리카락처럼 아주 가늘게 써는 것이 묘미다. 국물은 과일을 갈아 고운 체에 거른다. 설탕이 들어가지 않아 향긋하고 기분 좋은 단맛이 여운으로 남는다. 어느 음식에나 어울리며 짜지 않고 맵지 않아 샐러드 대용으로 먹을 수 있다. 김치 특유의 향을 싫어하는 외국인들도 즐길 수 있는 코리안 샐러드다.

아삭한 식감도 서양 샐러드에 견줄 바 아니다. 자작한 국물에는 1그램당 1억 마리의 유산균이 들어있다. 요거트보다 4배나 많은 분량이다.

우리 민족을 지켜온 김치는 이제 미래를 여는 국가의 인프라 자원이 되어 있다. 계승과 보존 못지않게 활용과 상생의 문제를 내다보았으면 한다. 전세계에 선보이고 싶은 전통 그 이상의 가치, 그것이 K푸드의 위력이다.

진주교방음식의 양념 공식, 미니멀리즘minimalism

2013년 유네스코는 인류의 식단을 처음 세계 무형문화유산으로 지정했다. 그리스인들이 먹는 지중해식 식단Mediterranean Diet이다. 미국의 시사주간지『U.S. 뉴스&월드 리포트』가 선정하는 '세계 최고의 식단'에서 6년 연속 1위에 올랐다. 그만큼 파급력도 컸다. 식물성 식품과 올리브유·생선·견과류 섭취를 강조하고 붉은색 고기와 가공식품을 제한하는 식사법이다. 지중해식에 이어 DASH(Dietary Approaches to Stop Hypertension) 식단도 유행처럼 번지고 있다. DASH 식단은 미국 국립보건원에서 오랜 연구와 임상 시험을 거쳐 고혈압을 치료하기 위해 개발된 식이요법이다. 염분 섭취를 제한한다.

대서양식 식단도 트렌드가 되고 있다. 스페인, 포르투갈 등의 전통식으로 제철 채소와 생선, 해산물, 통곡물, 유제품 및 기름이 적은 육류 등을 섭취하며 양념으로 올리브 오일을 주로 사용한다. 조리방법이 단순하다.

미니멀리즘 진주

진주 교방음식의 양념 공식

진주교방음식과 많이 닮았다. 양념을 최소화하여 재료 본연의 맛을 살린다. 양념의 미니멀리즘은 교방음식의 기본이다.

진주의 싱싱한 해산물과 너른 들판의 제철 채소는 양념 범벅을 할 필요가 없다. 삼삼하게 간을 한 나물, 엿기름으로 단맛을 낸 고기, 콩, 배추, 무의 달근한 맛을 느끼고 신선한 해산물을 음미한다.

쌀과 밀, 그리고 신토불이

식단 구성에 있어 신토불이는 참으로 적절한 답이다. 서양과 동양은 많이 다르다. 수천 년에 걸쳐 토지는 우리를 길들여 왔다. 특히 인류 부양력은 밀보다 쌀이 월등히 높다. 인도, 중국 등지를 비롯해 동양이 서양보다 압도적으로 인구가 많은 것은 쌀 때문이었다. 주식인 밀과 쌀로 인해 생활방식도 달라졌다. 쌀은 모내기, 물대기 등 공동작업이다. 많은 노동력을 필요로 한다. 두레정신의 기원도 쌀농사에서 비롯되었다. 반면 밀은 씨만 뿌리면 건조한 날씨에도 잘 자라 굳이 여러 사람이 한꺼번에 모이지 않아도 되었다. 서양의 개인주의, 동양의 집단주의가 발달한 것도 쌀과 밀의 차이였을 것이다.

지중해식이나 대서양식에서 섭취하는 통곡물이라는 것은 주로 딱딱한 빵이다. 동양인들에게는 밀가루를 소화하지 못 하는 글루텐이나 유당불내증을 가진 경우를 흔히 본다. 서양식 딱딱한 빵은 수분이 적어 소화도 어렵다. 무작정 서양식을 고집할 것만은 아니다.

전세계가 칭송해 마지않는 올리브오일 역시 한식과는 어울리지 않는 향이다. 서양에 올리브오일이 있다면 우리에겐 생들기름이 있다.

마늘 냄새로 무시 받던 김치가 코로나 펜더믹 이후 급부상하고 있듯. 한식의 우수성이 제대로 평가 받는 날을 기대한다. 양념의 미니멀리즘으로 상쾌한 맛을 내는 진주교방음식이 새롭게 조명되길 또한.

5장

조정 인재의 창고, 진주 명가 내림손맛

고려거란 전쟁의 영웅들과 보양식

안렴사按廉使라는 직책이 있었다. 고려 시대 지방 최고 벼슬아치다. 도내를 순찰하고 수령의 고과를 평가했다. 고려의 안렴사는 조선에 이르러 도지사격인 관찰사가 되었다. 1374년 공민왕 23년, 포은 정몽주가 경상도 지역의 안렴사로 진주에 왔다.

"지세 좋고 인물 걸출하니 강, 하, 정이라"는 말을 남겼다. 그때부터 진주를 대표하는 귀족 가문이 강, 하, 정씨 가문으로 굳어졌다.

강, 하, 정은 모두 진주를 본으로 하는 성씨로 고려거란 전쟁의 영웅들을 배출했다. 강만첨 장군이 그렇고, 하공진 장군이 그러하며 정신열 장군 또한 전쟁을 승리로 이끈 명장이다.

하공진 장군은 거란족 요나라에 스스로 볼모가 되어 걸어 들어갔다. 조국을 살렸으나 죽음은 입에 담을 수 없을 만큼 처참했다. "고려의 하늘이 보고 싶구나"가 마지막 남긴 한 마디였다. 고려 시대 팔관회나 연등회 같은 축제에서는『하공진 놀이』라는 연극이 공연됐다. 그의 우국충정을 기렸다.

려거란 전쟁의
영웅들과 보양식
음식 진주
姜
鄭
河

명장 가문의 육탕과 장엇국

진주 강씨 가문은 화반의 원조인 육회비빔밥 외에도 육탕이 있다. 소고기를 푹 고아 파 없이 낸다. 전형적인 진주식 확臛이다. 진주화반에도 선짓국이 아닌 맑은 육탕을 낸다. 진주화반과 진주비빔밥의 차이다. 살코기를 끓이면 국물이 맑고 뼈를 끓이면 뽀얗다. 양반집에서는 뼈가 아닌 살로 끓인다. 선짓국은 빈민의 보양식이었고 맑은 곰탕은 양반가의 음식이다.

탕 외에도 참기름과 소금으로 조물조물 무친 육회, 봄도다리로 맑게 끓이는 탕도 강씨 문중의 음식에서 시작됐다.

진양(진주의 옛이름) 하씨 가문은 장엇국이다. 민물장어로 끓여야 제맛이다. 장어를 푹 고아 체에 밭쳐 뼈를 거른다. 제핏가루와 우거지도 넣는다. 손님을 맞을 때면 장엇국부터 안치는 게 가문의 전통이다. 장엇국은 국물이 뽀얗고 진하다. 힘이 불끈 솟는 스태미너식이다.

서울로 유학 간 손자들도 찾는다는 굴떡국은 굴을 살짝 익혀 반숙으로 넣는다. 가지로 담은 제피김치도 별미다. 가지를 반으로 갈라 꼬독꼬독 볕에 말려 수분을 날리고 양념을 바른다.

대합조개의 살을 다져 양념해 숯불에 구워내는 유곽은 껍데기가 서로 잘 맞는다 하여 이바지 음식으로도 챙겨 보냈다.

강, 하, 정 가문의 특징은 음식을 많이 해서 많이 나눈다는 점이다. 잔치나 제사 때면 거지들까지 챙겼다. 다 같은 진주 백성이라는 의식이 강했다. 반가끼리의 음식 부조는 타지역과 비할 바가 아닐 만큼 규모가 컸다.

삼 사십개나 되는 쟁반에 담은 진수성찬. 조선 후기 문신 이옥(1760~1815)이 남긴 풍물에서 진주 명가의 인심을 엿본다.

"큰 쟁반에 과일, 생선, 고기가 네다섯 혹은 예닐곱 그릇이다. 밥과 국, 나물, 어육과 전유어 등의 반찬을 쟁반에 담아 돌린다. 쟁반이 삼사십 개나 되었다. 수저를 갖추고 노란 유지를 덮어 가져간다."

대하소설 토지의 실제모델 화사별서의 음식사치

기후가 온화하고 볕이 좋은 진주로 내려와 별장을 짓는 서울 양반들도 있었다. 소설 〈토지〉의 실제 모델인 하동 평양 조씨 고택 '화사별서花史別墅'다.

1890년대 조선의 개국공신 조준의 25대손 조재희(1861~1941)가 지었다. 화사花史는 조재희의 아호이며, 별서別墅는 농사 짓는 별장이란 뜻이다. 꽃의 역사라는 아호답게 가옥이 꽃대궐이다.

화사별서는 나라의 풍수를 짚는 국풍國風이 찍어준 명당 자리다. 악양천을 따라 나가면 섬진강이다. 탁 트인 너른 전답 모두 평양 조씨 가문 소유였다. 현재 조재희의 손자인 27대손 조한승 옹이 지키고 있다.

개국공신인 만큼 천석꾼 조부잣집은 왕실과 친분이 두터웠다. 익게 이씨 종부가 만든 궁중음식은 입소문을 타고 쟁반째 담을 넘었다.

화사별서의 음식사치
대하소설 토지의 실제 모델
진주음식

더위를 피할 수 있도록 설계된 여름부엌은 담이나 울타리가 없는 개방형이다. 연못에는 석빙고가 있다. 조선 후기 반가의 식문화가 눈부시다. 안채에 딸린 툇마루 모퉁이에는 소고기만 다지는 용도의 작은 마루가 따로 있다. 사각형의 도마를 놓으면 안성맞춤인 크기다. 종부는 이곳에서 매일 음식을 준비했다.

반찬은 열 가지 이상, 장조림은 사철 반찬

밥은 머슴밥과 차별하여 고봉으로 담지 않았다. 밥이 아니어도 상 위에는 맛난 것이 많았고 고봉밥을 소화할 만큼 막일을 하지도 않았으니 탄수화물을 줄인 것은 식생활의 지혜였다.

돼지고기는 사람에게 덜 이롭다 하여 소고기만 먹었다. 명절이나 행사 때면 늘 소를 잡았고 장조림은 사철의 반찬이었다.

여름 부엌에서 음식을 내오려면 머슴 여럿이 릴레이로 밥상을 안채까지 날랐다. 맛이라도 보려는 머슴들이 싸우고 뒤엉켜 넘어져 구르는 진풍경이 벌어지기도 했다. 좋은 쌀로 부드럽게 쪄낸 떡에 익숙해져 이웃집에서 거친 떡을 주면 조부잣집 아이들은 몰래 뱉었다고 한다.

밥상은 큰 교자상이 12개나 되었다. 식구들은 겸상을 했고 어르신만 독상을 받았다. 반찬은 열 가지 이상은 반드시 올랐다.

서울 입맛은 해산물로 구분됐다. 고등어 같은 비린 생선은 올리지 않았고 조기와 석화를 주로 먹었다. 김치에도 조기젓과 새우젓만 넣었다. 서울식이다.

잉어는 평사리 앞 동정호에서 많이 잡혔다. 대나무를 엮어 몸을 가린 낚시꾼들은 즉석에서 잉어를 팔았고 펄펄 뛰는 잉어는 단맛이 감돌았다.

열두 첩 반상의 풍요는 가고 없지만 백 년 전에 심었던 연못가 배롱나무는 올해도 백일을 피고 진다.

김해 허씨가의 명물 식재료 대구

승산마을 김해 허씨 집성촌에는 특유의 음식법이 있다. 소박한 재료들을 이용한 자연식이다. 시어머니는 며느리가 가풍을 익히기 전에는 고방 열쇠를 주지 않았다. 친정 출타도 제한됐다.

K기업가 정신의 수도가 된 승산마을이 부를 축적할 수 있었던 원인은 "새벽별을 보며 일하러 나갔다"는 근면함이다. 일제강점기만 해도 이 작은 마을에 정육점만 5곳이나 되었고 천석꾼 이상이 16가구나 되었다. 제일 갑부는 만석꾼 김해 허씨가였다.

처마 밑에는 부패를 방지하기 위해 대나무잎으로 감싼 소다리가 주렁주렁 걸리고, 대구는 트럭으로 들어왔다. 담장 울타리 머위잎을 따다 담는 장아찌 같은 밑반찬은 대대로 이어온 손맛이다. 제철 재료로 다양하고 풍성한 밥상을 차린다. 작은 크기로 만들어 먹는 사람을 배려한다. 교방음식 문화다.

대구
음식 진주
김해 허씨가의 명물 식재료

사람을 살리는 음식, 특별한 식재료 『대구』

시금치는 멸치 가루를 넣어 맛을 낸다. 박나물에는 조갯살이다. 방아잎도 빠지지 않는 조미료다. 봄이면 진달래를 소쿠리 가득 따 꽃술을 제거하고 찹쌀가루에 짓이겨 화전을 빚는다. 진달래가 찹쌀가루보다 열 배는 많아야 한다. 녹두소를 넣고 기름에 지지는 전병이다.

여름에는 소고기를 볶아 멸치육수를 넣고 끓인 국밥이 별미다. 감자와 당근, 고추 외에도 제철인 오이, 가지, 양파에 석이버섯을 넣고 마지막에 고춧잎을 넣는다. 국 한 그릇이 보약이다.

늦가을은 집장이다. 계절의 끝물에서 거둔 채소의 강인한 생명력을 먹는다. 소고기, 피문어, 오징어, 홍합 등 재료를 밑에 깔고 채소를 차곡차곡 얹는다. 엿기름을 붓고 항아리에 넣어 황토를 발라 밀봉해 장작불로 달인다. 사람을 이롭게 하는 음식이다.

대구철인 겨울이 돌아오면 안주인들은 더 분주해진다. 대구는 허씨가에서 손님을 접대하는 음식이었다. 알이 꽉 찬 대구로 대구알젓, 아가미젓, 매운탕과 찌개 등 메뉴도 다양하다. 대구의 배를 가르지 않고 아가미쪽에서 내장을 꺼내 손질하고 간장을 부어 매달아 놓는다. 먼지나 불순물이 들어가지 않도록 아가미쪽을 창호지로 깨끗하게 감싼다. 얼었다 녹았다를 반복하면서 짭쪼롬히 간이 배면 감칠맛 나는 약대구가 된다.

대구살을 소금물에 담갔다가 말리는 멸짝, 대구알로 담는 김치도 허씨가의 시그니처 메뉴다.

배추와 무를 나박나박 썰어 소금물에 절여 물기를 빼고, 대구알을 터뜨려 김치 양념과 섞는다. 보쌈김치처럼 배춧잎으로 싸서 항아리에 얌전히 담아두면 안주인은 비로소 허리를 편다.

도란도란 정답게 수 백년을 살아온 마을, 대구알 김치 익어가는 승산의 겨울.

봄春 황후妃, 명주名酒 이야기

꽃에 취하기는 낮이고, 술에 취하기는 밤이다. 술 중에서도 좋은 쌀과 누룩으로 빚은 명주名酒는 봄春이나, 황후妃의 이름을 붙였다. 사르르 오르는 취기를 아지랑이 같은 봄과 최고의 우아한 미를 지닌 황후로 표현했다. 향천은 송나라 고태후의 이름이고, 영옥, 역취, 옥정, 황군은 진시황제의 어머니인 조태후의 이름을 딴 술이다.

술에 봄春을 쓴 것은 당나라 때부터다. 춘주春酒는 왕실이나 사대부가에서 빚은 고급 특주였다.

사찰에서는 반야탕 또는 곡차라고 했고, 정신을 혼미하게 한다는 뜻으로 미혼탕迷魂湯, 화의 근원이라 하여 화천禍泉으로도 불렀다.

명주名酒 이야기
봄春 황후妃.

진양 하씨 종택의 가양주, 호산춘湖山春

진주는 벼농사가 풍부하고 지리산에서 발원된 생수가 맑아 술 빚기에 최적의 조건을 갖췄다. 특히 이인좌의 난 이후, 반대파의 감시를 피해 관직을 등진 채 살아야 했던 진주 사대부들의 한을 달랜 건 술이었다.

명맥을 이어오는 진주의 명주는 호산춘이다. 진양 하씨 종택의 가양주다. 레시피는 경북 구미에서 진주 하씨 가문으로 시집 온 하응운河應運(1676~1736)의 처 인동 장씨가 기록했다.

하응운은 자연을 벗 삼아 풍류를 즐겼던 인물이다. 호산춘은 진주의 수많은 정자와 풍류문화를 가장 잘 대변해 주는 술이다. 재령 이씨 종택의 가양주였던 진주 마진마을의 국화주도 술 익는 향기가 마을을 물들였다고 전해지나 지금은 명맥이 끊겼다.

호산춘은 백미 닷 되를 가루 내어 물 한 말에 섞어 끓여 누룩 가루 다섯 홉과 밀가루 다섯 홉을 섞어 칠일을 지내 밑술을 만든다.

다시 백미와 찹쌀 각 한 말씩을 가루로 내어 물 서 말을 팔팔 끓여 채운 뒤에 가루를 골라 먼저 담근 밑술에 섞어 열흘이 되면 누룩 가루 한 되를 섞어 넣는다. 칠일이 되면 백미 서 말을 흰 가루로 내어 술밥을 찐다.

술밥에 물 서 말을 끓여 채워두고 밑술에 섞어 칠일을 지내고 냉수 서 말을 부어 칠일을 지낸 뒤에 먹는다.

장씨 부인은 레시피의 말미에 "냄새가 코를 찌르느니라"고

썼다. 싱그러운 풀냄새와 과일향이다. 색은 담홍빛으로 곱다.

비법 중에는 진주의 전통 앉은뱅이밀로 만든 누룩도 있다. 키가 50~80cm인 토종밀로 만든 누룩은 그냥 먹어도 고소한 맛이 난다. 17세기에 전해진 호산춘도, 토종밀로 누룩을 제조하는 백년의 가게도 진주의 문화유산이다.

장씨 부인이 단목리 하씨 집성촌을 꽃향기로 물들이던 봄도 벌써 수백 번이 갔다.

맑은 강에 배 띄우다, 남강 뱃놀이

맑은 남강에 누선樓船이 오간다. 뱃노래가 하늘거린다. 모래 사장에는 활쏘기 놀이가 한창이다. 과녁을 맞추면 기생들이 열을 지어 "궁차락, 아! 궁차락아~"하며 응원한다.

배를 타고 주변의 풍경을 감상하며 즐기는 뱃놀이 '선유船遊'는 고려·조선 시대 최고의 호사였다. 한양에서는 금수저 소년들이 한강 뱃놀이에 만금을 소비하여 사회적 문제가 되기도 했다.

석양이 진주성에 반쯤이나 걸리기 시작하면 남강에는 온통 선유놀이를 즐기는 풍경들로 장관을 이루었다. 1780년 춘삼월, 진주를 처음 방문한 다산 정약용도 진주성 병마절도사였던 장인 홍화보와 함께 남강에 배를 띄웠다.

선유는 삼삼오오 배를 타고 즐기는 소풍이기도 했고 수 십 개의 배를 한데 묶어 즐기는 양반들의 거창한 선상파티이기도 했다.

남강 뱃놀이
맑은 강에 배 띄우다

음식은 때를 맞춰 관아에서 도착하고 기생과 악공이 퉁소와 북을 치며 물결 따라 오르내린다. 음식을 담당하는 집찬비들이 바삐 움직이고 어부들은 각자의 배에 올라 고기잡이를 서두른다. 양반들을 위한 식사 준비다.

임시 조찬소, 즉석에서 끓이는 초피 매운탕

야외에서 벌어지는 연회는 천막을 치고 임시 부엌인 조찬소造饌所를 차린다. 조기로 담은 진주식해나 젓갈 같은 반찬은 찬합에 담아 운반했다. 떡은 옥잠화 이파리로 곱게 싸 부패를 방지했다. 탕에는 초피를 넣어 비린내를 잡고 맵고 알싸한 맛을 더했다.

다식이나 약과 같이 예쁘고 앙증맞은 병과류도 있었다. 전통음식 중 약藥자가 들어가는 음식들은 꿀을 넣은 것이다. 밀주蜜酒는 약주藥酒, 밀반蜜飯은 약반藥飯, 밀과蜜果를 약과藥果라고 한다. 꿀벌이 꽃에서 빨아들여 꼭꼭 모아둔 청밀淸蜜은 진주의 진상품이었다. 진해·함안·의령·고성·하동·거제·남해 등지의 역驛을 총괄했던 진주의 소촌도에는 청밀을 보관하는 관청고官廳庫가 따로 설치되어 있기도 했다.

즉석에서 차려지는 꽃상에는 민물회가 올랐다. 50년대까지만 해도 진주에서는 민물회를 많이 먹었다. 남강 덕분이다. 남강을 논하지 않고 어찌 진주를 얘기하랴.

남강은 천년의 세월 동안 진주를 위로하고 보듬어온 젖줄이자 부엌이었다.

진주의 누정문화와 따뜻한 안주 신선로

산을 두르고 강을 마주하는 곳에는 누정이 있다. 누정은 사대부들의 대표적인 풍류의 장이었다. 시간이 엽서처럼 머무는 진주의 아름다운 누정은 1642년 〈진양지〉에 기록된 것만도 백 개가 넘었다.

누정에서는 문장을 짓고 즐기는 시회詩會가 자주 열렸다. 특히 진주는 남명학파의 활동 무대로서 신진 세력이었던 사림파의 모임이 성행하였다. 1489년, 진주목사를 비롯해 전·현직 수령 29명이 촉석루에 모여 맺은 모임『금란계』가 시초다.

이 모임은 영남 사림파의 리더였던 김일손이, 조카 단종을 폐위시키고 왕위에 오른 세조를 비난하는 글을 실록 초고에 올림으로써 영남 사림들이 대거 숙청된 무오사화의 시발점이 되기도 했다. 이 사건에 연루된 문신 정희량이 유배에서 풀려나자 화로 하나를 발명해 전국을 신선처럼 떠돌며 야채를 끓여 먹었는데, 그가 죽자 특이한 모양의 화로를 신선로라 부르게 되었다고 전한다. '신선의 화로'라는 뜻의『신선로』는 원래 그릇의 명칭이었으나 '입을 즐겁게 해준다' 하여『열구자탕悅口資湯』이라 불렀다.

신선로
따뜻한 안주
청주와 누정 문화의

꽃상 위의 작은 꽃상

선비들은 누정에 모여 시를 짓고 퉁소를 불며 거문고를 뜯었다. 냇가의 물고기, 돌 사이 버섯이 소반에 가득하다. 물소리, 산 빛깔 속에 샘물 마시고 과일을 따 먹으니 지상의 신선이 따로 없다. 솔향 그윽한 찻물이 끓을 무렵 머리 땋은 어린 동자 점심을 대령한다. 바람을 맞대는 누정에서의 모임에는 신선로가 따뜻한 안주다.

1848년 중국 사행단으로 선발된 이유준이 <몽유연행록>에서 "정자에서 한바탕 마시고 달빛을 받으며 돌아갔다"고 했던 연회의 안주도 신선로였다. 궁중 잔치에서부터 청와대 접대에 이르기까지 단연 한식의 백미다. 일제 강점기에는 일본인들까지 합세해 신선로 열풍이 불었다.

신선로는 손이 많이 가는 음식이다. 재료들을 엄선해 자로 잰 듯 반듯하게 썰고 색을 맞춰 가지런히 돌려 담는다. 육회를 바닥에 깔고 정성껏 빚은 완자에 전을 부쳐 올린다. 산해진미가 한 그릇에 있다.

참숯으로 끓인 깊은 풍미의 탕에 별미들을 하나씩 맛본 후엔 면을 넣어 끓이기도 한다. 재료에 따라 고기 신선로, 해물신선로, 면신선로 등 다양한 차림이 될 수 있다.

수십 가지 재료로 만든 진주의 교방 신선로는 그 자체만으로 입이 즐거워진다. 꽃상 위에 오르는 또 하나의 작은 꽃상이다.

진주 꽃상에서 고려의 문화를 만나다

조선후기에 편찬된 <진주읍지>는 행정실무자였던 아전들이 꼼꼼히 쓴 문서다. 특히 흥미로운 것은 분량까지 정확히 기재해 놓은 유밀과와 다양한 젓갈이다. 진주 유과는 1895년 진주 관아에서 개설한 시전市廛의 '과자전'에서 활발히 유통되며 외부로까지 팔려나갔다.

유과는 밀가루나 쌀가루를 빚어 기름에 튀겨내는 전통 과자다. 전형적인 고려의 불교문화다. 진주는 고려의 찬란한 문화가 꽃 피웠던 곳이다. 고려시대 전국의 거점 도시에 12목을 설치해 처음 '진주목'이 생겼고, 고을 이름에 주州 자를 붙여『진주』라는 명칭으로 불린 것도 고려시대부터였다.

고려의 문화를 만나다
진주 '꽃상'에서
음식 진주

진주의 전통 유과, 박계朴桂

고려 문화의 잔재는 진주의 토성土姓인 강, 하, 정 외에도 무신정권의 일인자였던 최충헌이 주인공이다. 4명의 국왕을 갈아치우며 최씨 천하 시대를 열었던 그는 무려 4대에 걸쳐 60년간이나 진주 일대를 사유화하였다.

고려의 문화는 음식에도 영향을 미쳤다. 고려의 도읍지였던 개경의 모약과가 유명하듯, 진주를 대표하는 유과는 박계朴桂다. 박계는 밀가루를 꿀과 조청으로 반죽해 직사각형으로 빚은 다음, 계수나무 이파리처럼 빗살 무늬를 넣어 참기름에 튀기듯 지진다. 주로 제사상이나 연회상에 올렸다. 진주의 박계는 17세기 국문조리서인 〈주방문〉의 레시피보다 참기름이 더 많이 들어가는 게 특징이다.

고려의 유과는 원나라까지 명성이 자자하였다. 나라 안의 꿀과 참기름이 동이 날 정도로 유밀과 열풍이 불자 조정에서는 국빈접대에서 과자 종류를 제한하기도 했다.

육식을 금지했던 고려시대에는 해산물이 다양하게 발달했다. 2009년 태안 앞바다에서 모습을 드러낸 고려의 침몰선에서도 젓갈을 담은 백자항아리 130개가 발견되었다. 항아리의 용량이 10리터가 넘는다. 13세기 초, 고등어젓古道醢, 게젓蟹醢, 전복젓生鮑醢, 홍합젓蚾醢, 알젓卵醢 등을 담아 중앙관리에게 보내는 선물이었다.

전복젓과 홍합젓, 대구알젓은 진주의 특산품이다. 사철 담는 젓갈도 다양하다. 홍합젓은 봄에, 전복과 대구알젓은 겨울이 시즌이다. 5, 6월에는 새우로 오젓, 육젓을 담고 가을에는 추젓을 담는다.

젓갈은 반찬이기도 했지만 진주에서는 주로 조미료 양념으로 쓰였다. 젓갈을 서너 가지 넣어 담은 김치는 김치전을 부쳐도 맛있다. 따로 해산물을 넣지 않아도 감칠맛 나는 김치전이 완성된다.

고려의 문신 이규보李奎報(1168~1241)가 쓴 〈동국이상국집〉에는 술안주로 게찜과 생선국이 기록되어 있다. 달근한 맛의 생게찜과 각종 해물을 넣어 시원하게 끓인 탕. 색색이 고운 다식과 박계를 올린 진주 꽃상에서 천 년 전 고려의 문화를 만난다.

술잔은 여섯 번 돌리고 안주는 다섯 번 올린다

—사대부 술자리 예법

유교에서는 예禮와 악樂을 천지의 조화이자 질서를 이루는 근본으로 보았다. 사대부들의 술자리는 조정에서 엄선한 음악에 맞춰 예법에 따라야 했다. 사대부가 아닌 계층이 3인 이상 안주를 갖춰 놓고 양반을 흉내 내면 형벌에 처해졌다.

술잔은 여섯 번 돌아가고 안주(미수행과味數行果)는 코스별로 다섯 번에 걸쳐 차리는 게 원칙이다(육배 오미六盃 五味).

기생들은 양반집 잔치나 모임에 나가 흥을 돋우는 역할도 했다. 반가에서 관아에 단자單子를 보내 청하면 기생들을 보내 주었다.

소리 기생이 노래하고, 때는 창 소리가 별빛을 머금기 시작하는 저녁, 주인이 첫 잔을 올리면 기생이 큰 접시俎에 배를 대령한다. 한입 베어 물면, 수분이 가득하고 단 맛이 향기롭다. 가히 진주의 특산품이다.

안주는 다섯 번 올린다
술잔은 여섯 번 돌리고
음식 진주
一
二
三
六
四
五

본격적인 안주상은 두 번째 잔부터

두 번째 잔부터 본격적인 안주상이 나온다. 속이 편한 음식을 두어 가지씩 코스별로 차린다.

전유어와 배추의 어린 속대를 숙성시킨 단자김치로 무겁지 않은 안주를 낸다.

세 번째 잔이 돌아간다. 서로 음식을 권하며 주나라 문왕의 후비后妃를 칭송하는 『자하동조』를 부르며 안주상을 받는다. 이 번엔 생선탕과 전복김치다.

네 번째 잔에는 거문고, 가야금, 향비파의 삼현三絃으로 풍류를 더하니 취기가 고조된다. 가야금과 창唱이 조화롭게 흐른다.

다섯 번째 잔과 안주상을 받으면 『방등산』이 울린다. 신라 말기, 장성에 위치한 방등산에 도적떼가 많아 아녀자들이 많이 잡혀갔는데, 자신을 구해주지 않은 지아비를 원망하는 내용이다.

여섯 번 째 음악인 『낙양춘조』는 장중하고 느린 선율이다. 궁중에서는 음악에 맞춰 탕을 올렸다. 생선회, 영계를 구워낸 계야적, 녹두전 같은 것들도 있었다.

술안주는 위에 부담이 되지 않고 담백한 것을 위주로 차린다. 진주교방음식 중 찜요리가 발달한 것도 연회상의 안주로 차려졌기 때문이다.

향긋한 백합찜, 부드러운 가오리찜, 달큰한 게찜, 진주 꽃상 위로 계절이 먼저 와있다.

은장도를 들어 만두피를 가르다

유생들의 술자리는 조정에서 정한 절차대로 진행되었다. 적서의 구분도 엄격했다. 적자와 서자는 사용하는 음악도 달리해 차별화시켰다.

마지막 안주는 대만두다. 은기의 뚜껑을 열면 김이 모락모락 나는 커다란 복주머니 만두가 들어있다. '대만두' 또는 '보만두'라고도 한다. 주빈이 은장도로 만두피를 가르면 여러 개의 알만두들이 나란히 앉아있다. 이것을 하나씩 나누며 결속을 다지는 피날레다.

대만두는 작은 만두피에 소를 넣고 반으로 서로 맞붙여 만두를 빚고 큰 만두피에 작은 만두 10개를 넣은 다음 복주머니 형태로 싸서 데친 미나리로 묶는다.

진주의 명물 꿩만두와 동치회

부잣집 도령 출신 허균은 맛난 음식을 많이 먹다가 유배를 가게 되자, '도축간을 바라보며 질겅질겅 씹는다'는 뜻의 〈도문대작屠門大嚼〉을 썼다. 허균은 대만두를 의주 사람들이 잘 만든

만두피를 가르다
은장도를 들어
진주

다고 했지만, 꿩으로 만든 생치만두는 산이 높아 꿩이 많이 잡혔던 진주의 별미이기도 했다.

(허균은 진주에 와 본 적이 없다.)

꿩고기는 기름기가 적어 담백한 맛이 난다. 육수를 내기도 했으며 장조림도 만들고 만두소의 재료로도 사용했다. 갖은 양념으로 맛있게 간을 해 햇볕에 말리면 좋은 안주가 됐다. 특히 꿩고기를 얇게 저며 차가운 돌에 얹어 얼린 '동치회'는 겨울철 양반들의 별식이었다.

꿩 잡는 매는 꿩이 푸드득 나는 찰라, 시속 300킬로미터로 날아가 귀신같이 꿩을 잡는다. 매는 사냥으로 '잡는 것'이 아니라 하늘에서 '받는 것'이라 했을 만큼, 매사냥은 조선시대 남성들의 로망이었고 스릴 만점의 스포츠였다.

술자리가 파할 무렵, 『한림별곡』이 울려 퍼진다. 휘영청 달밤에 취기 오른 유생들이 한 목소리로 한림별곡을 노래한다. 고려가사인 한림별곡은 조선시대 귀족 모임의 애창곡이었다.

과하지도 덜하지도 않는 술자리, 교방음식의 맛과 멋, 문향文鄕이자 예향藝鄕인 진주의 낭만이 절정에 이른다.

"아양이 튕기는 거문고, 문탁이 부는 피리,
종무가 부는 중금 / 명기 일지홍이 비껴대며 부는 멋진
피리 소리를 / 아! 듣고야 잠들고 싶습니다"
『한림별곡』 중

호수에 달 띄워 차茶를 달이다

하동의 아침은 꿈길이다. 섬진강이, 화개천이 자욱한 물안개를 피워낸다. 몽환적인 풍경 너머로 젖은 초록이 강을 건너 시야를 채우는 녹차밭. 하동은 다습하고 일교차가 커 찻잎 생산에 더할 나위 없는 조건을 갖췄다.

속옷 젖는 줄도 모르게 내리는 봄비가, 고조곤히 곡식에게 다가가 겨울잠을 깨우는 곡우穀雨. 우전은 곡우 전까지 채취한 차이고, 입하 전에 채취한 것은 세작이다. 녹차는 증기로 쪄낸 일본차이고 우리 차는 작설차다. 차나무의 어린 순이 돋기 시작해 참새의 혀雀舌와 같이 되었을 때 딴다.

섭씨 160도가 넘는 가마솥에서 아홉 번 덖고 아홉 번 비벼 말린다. '구증구포九蒸九曝'다.

828년, 신라의 관리 대렴은 신년을 맞이하여 당나라에 사절로 파견되었다. 인덕전麟德殿에서 당 문종文宗을 알현하고 돌아오면서 차 씨앗을 가져왔다. 흥덕왕은 씨를 지리산에 심게 하였다. 신라의 왕족, 관리, 승려들에게 점차 보급되어 차 재배가 확산되었다.

차茶를 달이다
호수에 달 띄워

신라의 화랑들은 심신을 수련할 때 휴대용 다구茶具를 갖고 다녔고, 차문화가 가장 번성했던 고려에서는 예물로 사용됐다. 조선시대 궁중 연회에서도 작설차는 빠지지 않았다. 황칠나무의 수액으로 칠한 원소반에 은다관銀茶罐을 올려 담았다.

혈당을 조절하고 기름진 음식을 상쇄시키는 차음식

작설차는 혈당을 조절하고, 기름진 음식을 상쇄시킨다. 돼지고기에 녹차를 넣는 것도 같은 이유다. 녹차물에 밥을 만 일본식 오차스케는 보리굴비와 잘 어울린다.

어린 우전 잎을 우리고 남은 차는 조선간장과 참기름에 조물조물 무쳐낸다. 찻잎의 쓴 맛이 없어 반찬으로 먹기 좋다. 생이파리에 간장, 식초, 설탕을 넣고 소주를 부어 장아찌도 담는다.

활용도가 높은 것은 말차다. 빛깔이 고와 떡, 다식, 어디에나 잘 어울린다.

황제의 물그릇에 잎새가 하나가 떨어져 시작되었다는 차. 중국이나 일본의 차문화가 발달한 이유는 수질 문제였다. 우리는 어느 샘물을 길러도 수질이 뛰어나 전국구 아닌 귀족들의 사치품으로 자리했다.

첫 수확한 작설차의 향기로 밥상 위에 찾아온 새 봄. 티타임을 시로 남긴 소동파의 낭만은 덤이다.

"맑은 강물 퍼 올려 표주박으로 달을 뜨고 차를 우리면
찻잔 가득 들려오는 솔바람 소리…"

6장

근대를 거닐며 진주를 맛보다

19세기 진주
중앙시장 먹자골목

경상남도의 시작은 진주였다. 1896년 병마절도영이 폐지되고 경상도가 남북으로 분도되면서 진주 관찰부가 들어섰다. 경남 도청의 모태다.

당시 진주부府의 인구는 9만5,000명. 동래부보다 많았다. 보부상들도 강 건너, 물 건너 진주로 모여들었다.

1895년, 상인들은 기존의 조직을 정비하여 진주상무사를 결성했다. 상공회의소의 전신이다. 인근 17개 지역(곤양, 하동, 남해, 고성, 통영, 함안, 단성, 산청, 삼가, 함양, 안의, 거창, 합천, 초계, 의령) 등을 관할한 큰 단체였다.

중앙시장에는 1848년에 이미 어물전과 과자전이 운영되고 있었다. 1876년에는 포목을 파는 면주전도 개설되었다. 비단전과 종이전까지 문을 열었다.

먹자골목
진주 중앙시장
19세기
진주음식
어물전
면주전
비단전
과자전
포목점
종이전
과자점
구인회포목상점

LG그룹이 이곳에서 태동됐다. 1932년 연암 구인회 회장은 3,800원의 자본금으로 『구인회 포목상점』을 열고 청년사업가로서 첫발을 디뎠다.

상인들을 위한 한 그릇 간편식 성업

장시에는 물건을 팔고 사는 인파들로 북새통을 이뤘다. 끼니는 간단하면서도 배불리 먹을 수 있는 한 그릇 음식이어야 했다. 진주비빔밥. 진주냉면, 선짓국밥, 곰탕 등 한 그릇을 뚝딱 먹고는 일어났다. 일품요리는 시간을 절약할 수 있어 인기였다.

여기저기 빈대떡 부치는 기름 냄새, 선짓국 냄새 등이 뒤섞인 시장 일대는 간이식당들이 모인 난전이었다. 큰 장사를 벌인 사업주도 있었지만 영세 상인들이 더 많았다.

장작을 지고 온 나무전 총각, 알이 깨질 새라 두 손으로 받쳐 든 계란전 아저씨, 재첩국을 팔러 나온 하동 아지매도 끼니를 시장에서 해결했다. 장사가 잘 된 날은 든든한 국밥이나 비빔밥이었고 이윤이 덜 한 날은 떡 두어 개를 손에 쥐고 허청허청 걸었다.

비빔밥집은 날로 주가를 올렸다. 특미로 간재미찜까지 내놓자 인기 폭발이었다. 간재미는 가오리 새끼의 진주 방언이다. 단짠에 매콤한 맛을 더한 간재미는 비빔밥 한 그릇으로 성이 차지 않거나, 두서넛 지인들끼리 비빔밥을 먹을 때 주문했다. 상인들이 누릴 수 있는 소박한 사치였다.

중앙시장에는 아직도 터줏대감 토박이 상인들이 꽤 된다. 삼대째 어물전을 운영하시는 어르신은, 이제는 입맛들도 변했다고 하신다. 전통 상점도 많이 줄었다. 그렇게나 시끌벅적했던 과자전도 몇 집 남지 않았다. 포목점도 옷가게로 바뀌었다.

한 세기가 넘은 오늘날, 그 북적였던 공간을 진주의 청년들이 채우고 있다. 진주 중앙시장 2층 비단길을 따라 올라가면 청년 사업가들이 만든 다채로운 문화 공간이다. 굴지의 대기업이 태동된 이곳에서 대한민국 MZ 세대의 희망가를 듣는다.

진주 백정들이 만든 소 한 마리 탕과 서울 설렁탕

장마당에서는 매질을 당했다. 아비가 만든 가죽신도 신을 수 없었다. 어미의 둘레 머리에는 비녀조차 꽂으면 안 되었다. 갑오개혁으로 신분제가 철폐되었지만 백정들에 대한 차별은 여전했다. 수백 년간 삶을 도륙당해온 백정들은 봉기했다. 1923년 진주에서 시작된 형평사운동이다.

1895년 관아에서 개설한 상설시장이 들어서자 백정들은 정육점과 식당을 차려 영업을 하기 시작했다. 메뉴는 갈비, 양지, 도가니 등을 한데 넣어 끓인 '소 한 마리탕'이었다. 백정들의 우탕牛湯은 시장비빔밥과 함께 고단한 서민들을 위한 감사한 한 끼였다. 일제 강점기에는 진주에 육류품 가공공장까지 들어서면서 백정들은 부를 축적할 수 있었다.

동성동에서 진주성 동문으로 가는 길목은 조선시대 소전거리였다. 진주 우시장은 서부경남 일대를 아우를 만큼 규모가 컸다. 대규모 도축이 가능했다. 관아에서 소고기값을 싸게 징수한 것도 백정들 덕분이었다. 갈비 한 짝의 값이 3돈으로 소주 한 국자와 같았다.

진주 백정들이 만든
소한마리탕

"우리도 사람이외다!"
백정들의 절규 담긴 소 한 마리탕

진주형평사운동은 들불처럼 퍼져나가 전국 약 8천 명의 백정이 모인 사회단체로 확대되어 서울에 본부를 두게 된다. 형평사 조직을 만든 진주 백정들 중에는 서울로 진출한 자도 있었다. 김두한(1918~1972)의 자서전에 등장하는 형평사본부 부의장 원영기 같은 이가 대표적이다.

푸줏간 한편에서 설렁탕을 끓였다. 설렁탕 맛에 너도나도 혹했다. 값도 저렴하여 누구나 부담 없이 먹을 수 있었다. 백정만큼이나 천인이었던 토기장이들이 만든 투박한 질그릇에 담긴 뜨끈한 설렁탕은 서울의 대표적인 배달음식으로 부상했다.

강남이 개발되기 전, 1970년대까지만 해도 서울의 대표적인 유흥가는 광교통 옆 무교동이었다. 그곳에 진주 백정이 차린 간판 없는 푸줏간과 방석집인 '진주집'이 있었다. 진주집에서 흘러 나오던 장고소리는 아마도 진주의 마지막 기생이 부른 망향가였을 것이다.

교방음식에는 유난히 소고기 재료가 많다. 세종기에 시작된 진주의 소고기 문화를 이어준 주인공은 바로 진주의 백정들이었다. 뽀얀 우탕에도, 푸짐하고 뜨끈한 선지탕에도 "우리도 사람이외다"를 외쳤던 진주 백정들의 이야기가 선연하다.

진주냉면의 원조는 진주 정씨 가문의 구휼음식

1983년 브리태니커사에서 발행한 〈한국의 발견〉은 장조림 간장과 두부전을 얹은 진주냉면을 소개했다.

진주에서는 납일(동지 후 세 번째 未日)에 꿩을 잡는 풍속이 있었다. 집집마다 해묵은 간장으로 꿩장조림을 만들었다. 묵처럼 되직해진 장조림 간장을 한 수저씩 떠 넣어 냉면을 말고 떡국도 끓였다.

관아의 냉면은 또 다른 형태였다.

누가 국수를 만들어 곱게 뽑았나 誰飜佛飥巧抽纖
호초와 잣, 소금 매실 두루 갖추었네 椒柏鹽梅色色兼

1898년 겨울, 진주목 고성의 수령이 기록한 관아의 냉면이다. 양반의 음식에는 백염매白鹽梅(매실소금)를 썼다. 육수는 꿩탕과 살얼음이 뜬 동치미 국물을 섞었다. 진주 백성들은 해마다 요역(노력봉사) 품목으로 꿩 1,407마리를 관아에 바쳐야 했다.

구휼음식
진주 정씨 가문의
진주냉면의 원조는
진주

번화한 상업도시였던 진주에는 구한말부터 돼지고기 냉면을 파는 가게들이 있었다. 1900년 진주 선비 계남 최숙민(1837-1905)은 당시 시판되는 냉면에 대해 "의사들이 꺼리는 사악한 음식"이라는 혹평을 남기기도 했다. 냉장시설이 없던 시절이라 부패가 원인이었을 것으로 판단된다.

진주냉면의 시작은 진주 정씨 가문의 구휼식이었다. 정문鄭門은 대대로 사봉면과 이반성면에 거주했다. 흉작을 들 때마다 메밀을 잔뜩 심었다. 오이와 김치를 얹은 소박한 냉면으로 구휼사업을 펼쳤다. 진주비빔밥이 그렇듯, 냉면도 외식 메뉴가 되어 중앙시장으로 진출했다.

1920년 기코만 장유공장 설립과 진주냉면

1920년 일본 간장의 대명사인 기코만 장유공장이 진주에 설립되었다. 당시 진주에서 유행한 일본 간장은 일제가 전쟁을 치르기 위해 급조한 산분해간장으로 단맛의 화학물질이었다. 진주냉면도 이 시기에 본격화된 것으로 본다.

술을 마신 후 냉면을 먹는다는 선주후면先酒後麵은 기후가 추워 술이 독한 관서지방의 문화다. 진주냉면이 권번과 기방의 야참이었다는 말도 와전된 것이다. 권번은 기생 양성기관이었고 기생은 아무리 배가 고파도 손님상에서는 절대 음식을 입에 대지 못 하는 것이 진주권번의 엄격한 규율이었다.

1932년 함흥 철공소 사장이 국수기계를 처음 개발해 냉면의 대량생산이 가능해지면서 전국이 누들로드가 되었다. 진주냉면은 배달이 밀리고 밀릴 만큼 성업이었다. 소고기 편육과 배고명을 얹은 수정집 냉면이 가장 인기였다. 진주냉면은 한국전쟁 이후 소실되었다. 이후 몇 곳만이 명맥을 잇다가 1966년 중앙시장의 대형화재로 자취도 없이 사라지고 말았다.

2003년 진주시청은 지역 관광상품 개발을 위한 대규모 행사를 계획하면서 진주냉면을 새롭게 기획했다. 새 옷을 입은 진주냉면은 해물육수에 육전을 얹는 형태로 진주의 향토음식으로 사랑 받고 있다.

당대 최고의 예술원, 진주 권번의 해삼통찌짐

진주 권번은 당대 최고의 예술원이었다. 대한민국 국악의 창시자 기산 박헌봉을 비롯해 이선유, 유성준, 김정문 같은 쟁쟁한 명창들이 중심에 있었다. 명문 진주 중학교의 교복이 동경의 대상이었듯, 머리를 곱게 땋은 권번 아가씨들도 말 한 마디 함부로 건넬 수 없는 존재들이었다.

권번 기생들을 기억하는 진주의 노유분들은 어느덧 구십을 넘기셨다. 권번 앞 인력거에 화초기생이 올라타는 모습을 보고 밤잠을 이루지 못했던 진주의 예인 설창수 소년도 고인이 되셨다.

진주 권번이 전통 예술의 구심점이 된 것은 해방 후까지 명맥이 이어졌기 때문이다. 진주 권번 출신들은 인근 마산, 통영, 부산과 연합하여 놀음팀을 결성했다. 이 시기에 같이 활동한 인물 중에는 진주검무와 진주교방굿거리춤 예능보유자였던 고古 김수악 선생도 있었다.

해삼통찌짐
진주 권번의
당대 최고의 예술원
음식
진주
소고기
두부
조갯살

진주 권번에 입학하려면 월사금도 비쌌지만 스승님들의 입맛도 잘 알고 있어야 했다. 밥을 지어 올리는 것도 권번의 규율이었다. 예술적 감각이 섬세했던 권번 스승들은 입맛도 까다로웠다.

유년기부터 권번에서 자란 정영만 선생(남해안 별신굿 예능 보유자)은 스승 접대를 도맡았다. 어쩌면 진주 교방음식의 마지막 전수자다.

가무도, 음식도 조선의 전통을 사수하고자 했던 곳은 권번이었다. 특히 진주비빔밥은 진주 관아에서 내려오던 방식대로 만들었다. 고사리, 숙주, 도라지에 담긴 뜻도 스승들께 배웠다. 밥은 좋은 쌀로 고슬고슬하게 짓는다. 전주비빔밥과 달리 고기 육수로 밥을 짓지 않는다.

치자 물 입힌 해삼전과 기생의 노랑 저고리

권번의 별식 중엔 해삼통찌짐이 있었다. 찌짐은 부침개의 경상도 방언이다. 굳이 표준어로 하자면 해삼완자전이다. 사포닌 성분이 풍부한 해삼은 바다의 인삼이다. 반으로 갈라도 되살아난다.

본격적인 해삼철인 11월, 손으로 눌러 단단하고 돌기가 굵은 해삼을 고른다. 해삼의 배를 갈라 속을 파내, 밀가루를 살짝 뿌리고 소고기, 두부, 조갯살을 다져 속을 채운다.

밀가루에 치자 물을 입혀 노랗게 부친다. 해삼의 거무스레한 색을 치자가 덮는다. 번철에서 바로 꺼내 뜨거울 때 먹어야 제 맛이다.

진주 기생의 연회복도 노랑 저고리였다. 노란 해삼통찌짐에 진주 기생의 그림자가 일렁인다. 정실로는 들어갈 수 없었고, 소실로 갔다 해도 되돌아 오곤 했던 그들. 만년 혼자임을 상징하는 처연함의 빛깔, 기생의 노랑 저고리.

진주 거지탕의 진화

양반집 잔치에는 돼지를 잡곤 했다. 백성들에겐 그림의 떡일 뿐이었다. 백성들은 양반집 잔칫날이면 바가지를 들고 줄을 섰다. 돼지 삶은 육수를 얻어 우거지를 넣고 푹 끓였다. 투박한 맛이 의외로 별미였다.

일반 백성보다 등급이 낮았던 걸인들은 사정이 더 좋지 않았다. 줄을 섰다가는 팽개침을 당했다. 위생 문제 때문이었다. 소작할 땅이 없어진 자들, 늙고 병들어 지친 자들은 걸식을 할 수밖에 없었다. 진주 민란 이후, 몰락한 양반들조차 식량을 구할 길이 없어 걸식을 했다는 설도 있다.

1968년 제3공화국이 걸인 행각을 법으로 금지시키기 전까지 전국적으로 걸인들이 많았다. 특히 진주는 부유층이 많고 인심이 후해 걸식하기 좋은 환경이었다. 양반가의 잔치는 걸인들의 잔치이기도 했다. 진양 하씨 가문에서는 제삿날이면 거지들의 몫까지 마련해 두었다고 한다.

걸인들의 커뮤니티는 규율이 엄격했다. 동냥밥을 한데 모아 왕초가 분배했고 더 많은 수익 창출을 위해서는 스스로 가난을 최대한 어필하는 재주도 필요했다. 등뼈를 깔고 뱃가죽을 덮고 잔다는 표현이 최고였다.

산과 바다가 만난 영양식 걸뱅이탕

음식에는 이야기가 있다. 사연도 있다. 청계천 거지들이 개천의 미꾸라지를 잡아 만든 음식이 서울 추어탕이 되었듯, 진주에는 거지탕이라는 특이한 음식이 있다. 걸뱅이탕이라고도 한다. 각종 전과 고기, 다양한 채소, 해산물이 모두 들어간다. 걸인들이 양반집 잔치에서 얻어온 음식들을 한데 넣어 끓인 잡탕이다. 남은 명절 음식으로 가정집에서 만드는 잡탕 찌개와 크게 다를 바는 없으나 진주 거지탕은 좀 더 고급이다. 젯상에 오르는 북어포를 깔고 각종 전은 국물에 풀어지지 않게 살짝 말려서 넣는다. 땡초(청양고추)를 듬뿍 넣어 느끼함을 잡는다. 푸짐하다. 잡다한 재료들이 들어가 간은 센 편이다.

진주의 거지탕이 외식상품으로 자리잡은 데는 교방음식의 다양한 전유어가 한 몫을 했다. 호박전, 두부전, 동태전 같은 일반적인 음식 외에도 얇게 저민 소고기를 양념한 육전, 서대로 만든 생선전, 봄의 끝에서는 가죽나물이나 미나리를 나란히 놓아 곱게 부치는 나물전이 제철이다. 육전은 밀가루가 아닌 찹쌀가루를 입혀 달걀물에 담가 밀착력을 높인다.

거지탕은 각종 전과 싱싱한 해산물이 듬뿍 들어간 진주의 향토음식이 되었지만, 시작은 진주 걸인들의 잡탕이었다.

빈자貧者의 양식, 진주 장어구이

진주성 남문으로 올라가는 길목. 한때는 장어 굽는 연기가 남강에 자욱했다. 숯불에서 지글지글 익어가는 장어는 서울 관광객들에게 인기를 끌며 진주를 대표하는 맛으로 유명세를 탔다. 그러나 진주 장어구이의 시작은 진주교방음식이 아니라, 빈자貧者를 위한 양식이었다.

1970~80년대, 남강 다리 밑에는 망태기와 집게를 들고 종일 발품을 팔았던 넝마주이들이 모여 애환을 달랬다. 겨울에는 깡통에 불을 피워 언 손을 녹였고, 여름에는 멱을 감으며 더위와 싸웠다.

상인들은 죽은 장어를 가마니째로 헐값에 떼어와 다리 밑에서 구웠다. 재료가 신선하지 않아 강한 양념으로 덮었다. 시들한 장어는 그럴듯한 맛과 향으로 지친 하루를 위로했다. 그러나 속 모르는 외지인들에게 장어는 죽으나 사나 무조건 황제의 보양식이었다.

진주 양반들이 즐긴 보양식은 바다장어가 아닌, 민물장어다. 바닷장어는 사나운 갯장어와 아나고로 통용되는 붕장어가 있고 민물장어는 학명 자포니카인 토종 뱀장어다.

진주 장어구이
빈자의 양식
진주 음식

민물장어는 뼈가 억세지 않고 맛이 고소하다. 바다에서 강으로 올라갈 정도로 힘도 좋다. 푹 고아 체에 걸러 뼈를 추려내고 단배추, 고사리, 숙주를 넣어 다시 끓인다. 비린 맛은 맛술과 생강으로 잡아주고 방아와 제피가루로 마무리한다. 장어를 고은 엑기스로 미역국을 끓이기도 한다.

충무공이 싸운 바다, 하모ハモ 아닌 갯장어로 불러야

갯장어는 5~7월 바다에서 잡는다. 정약용의 형 정약전은 흑산도에서 귀양살이를 하며 만든 어류도감 〈자산어보〉에서 갯장어를 견아려犬牙鱺, 속명을 개장어라 하였다. 개처럼 이빨이 사나워 붙인 이름이다. 살도 뼈도 단단하다. 일본에서는 꽃처럼 하얗게 벌어져 탄력있는 맛을 내는 장어 샤브샤브를 즐기고 우리는 주로 회와 탕으로 먹는다.

일본은 장어의 날이 있을 만큼 장어 사랑이 남다르다. 관광지마다 우나기를 파는 맛집들이 북새통을 이룬다. 마음이 쓰리지 않을 수 없다.

일제강점기, 한국의 장어는 일본이 장악해 철저히 수탈해 갔다. 새조개와 장어는 수산 통제 어종으로 지정돼 조선인은 먹을 수 없었다. 민물장어, 갯장어 할 것 없이 모두 빼앗아갔다.

갯장어를 하모ハモ라 부르기 시작한 것도 이때부터다. 90년이 지난 오늘까지 갯장어는 본이름을 잃은 채 하모가 되어있다. 굳이 외국 음식에 우리말 표기를 하자는 게 아니다. 햄버거를 겹빵이라 하자는 게 아니다. 갯장어라는 우리 고유의 표기를 두고 하모라니, 내심 속상하다.

하모는 하필 경남 고성에서 죽기 전에 먹어봐야 한다는 특미다. 자란만에서 잡은 것을 각별히 여긴다. 크고 힘 좋은 자란만 하모를 전문으로 하는 식당들이 인기다.

다만 이제는 제 이름을 찾아주었으면 한다. 고성이 어디인가. 충무공이 싸운 당항포 바다 아닌가.

1933년 진주, 요릿집만 1,300여 곳

1933년 10월 3일자 조선중앙일보에는 「진주 요리점과 음식점이 천삼백여, 세기말의 향락 기분만 충만」이라는 기사가 올라왔다. 독립운동가 몽양 여운형(1886~1947) 선생이 쓴 글이다.

진주가 향락도시로 변한 것은, 철도의 영향도 컸다. 1905년, 1925년 각각 개통된 마산선과 경남선이 모여 진주역에 정차했다. 철길을 따라 다양한 문화가 흐르고 섞였다. 1931년이다.

최고의 요리점들은 대부분 일본인이 운영했다. 특히 동성동과 대안동, 장대동은 일인들의 군집지였다. 진주의 요릿집도 전통이 아닌 근대화된 조선을 표방했다. 1910년 무렵, 진주 인구의 25%가 일본인들이었다. 왜식문화가 만연할 수밖에 없었다.

수많은 요릿집 중, 조선인이 운영한 곳은 『식도원食桃源』이었다. 소고기 대신 민어로 맛을 낸 미역국이 별미였다. 민어나 광

1933년 진주
요릿집만
1300여 곳

어의 뼈는 뽀얀 국물이 우러나는 강장식이다. 생선을 넣은 후에는 뒤적거리지 않아야 국물이 깨끗하다. 민어를 토막 내 미역으로 감싸 묶으면 모양이 흐트러지지 않는다. 민어 미역국은 원래 진주 사대부가에서 산모를 위해 끓이던 음식이다. 산모와 아기를 귀히 여긴다는 의미였다.

식량절약 운동과 진주냉면

태평양 전쟁은 갈수록 치열한 양상으로 번졌다. 일제는 식량을 철저히 단속했다. 쌀은 될 수 있는 대로 적은 분량이어야 했다. 철도 내에서 팔던 찰밥 벤또를 없애고 밥 187g 분량의 비빔밥 벤또까지 만들어 판매를 개시했다.

변변한 간식이 없던 시절, 조선의 1인당 평균 쌀 소비량은 엄청났다. 187g짜리 미니 벤또는 조선인들에게는 황당한 것이었다. 극심한 식량부족 문제는 미군정 시대에도 마찬가지였다. 당국은 낮에 주류를 파는 행위를 금했고 밀주(꿀에 누룩을 넣어 만든 술), 감주, 엿, 떡과 점심밥 외에는 야간에 쌀이나 보리로 만든 음식 판매를 규제하였다.

식량 절약 운동으로 수혜를 본 것은 진주냉면이었다. 구황작물인 메밀과 고구마 전분으로 만든 냉면은 제재 대상이 아니었다.

당시 진주에는 자전거에 널판지를 놓고 냉면 수십 그릇을 쌓은 채 달리는 배달원들의 모습이 서커스를 방불케 했다.

태생부터 보릿고개 배고픔으로 시작된 진주냉면은 1966년 중앙시장 화재로 문을 닫기까지 서민들의 배고픔을 달래준 진주만의 음식이었다.

해방 전후 기생놀이와 교자상

"경남 진주는 본래부터 기생이 많을 뿐만 아니라 저의 집에 계집아이의 머리를 쪽을 져서 내세우고 기생이라 하면서 매음을 하는 풍속이 근래에 매우 심하여…"

1913년 5월 16일자 『매일신보』는 진주기생조합을 보도하면서 진주의 성문화를 언급했다. 노기老妓 서금련은 가무를 아는 기생이 하나도 없음을 개탄하여 조합을 설립하고 가야금 산조의 창시자였던 김창조를 영입했다.

진주에 기생이 많은 것은 사실이었다. 1884년 진주성을 방문한 미 대리공사 조지 포크도 이곳에는 기생이 유난히 많다는 기록을 남겼다. 병마절도사가 매사냥을 가는데 기생 스무명을 대동하는 장면도 놓치지 않았다.

교방음식
진주 기생 놀이와

1897년 교방이 폐지되면서 관기 제도가 허물어지자 기생놀이가 유행했다. 기생을 자처한 어린 소녀들이 옥봉동 개울가에서 소리를 배웠다. 새벽이면 목청 틔우는 소리가 마을을 울렸다.

특히 산청 경호강 일대는 불야성이었다. 산세가 아름답기로 유명한 산천을 찾아 기생과 한량들은 매일 파티를 벌였다. 당시 산청에 거주하셨던 노유분들은 지금도 손사래를 치신다. 지글지글 돼지기름 타는 냄새에 요란한 웃음소리가 조용한 강가를 밤마다 흔들었다. 그 민폐라니.

교방음식과 니나놋집

오늘날, 통영 다찌집과 쌍두마차를 이루는 진주 옥봉동 실비집의 시작은 방석집이었다. 방석집의 업그레이드 버전이 한정식집이었다. 모두 기생들이 나와 젓가락을 두들기는 니나놋집이었다. 상다리가 부러질 만큼 음식이 나왔다. 돼지고기 수육과 값싼 해산물들이 주를 이뤘다. 언젠가 교방음식을 주제로 한 방송 프로그램에서 진주의 모씨는 1960년대 진주 기생집에서 한 상 가득 차려진 교방음식을 보았다는 어린 시절을 회고했다. 이후로 전국을 순회하는 유명 맛 칼럼니스트까지 가세해 교방음식=기생집 음식으로 규정해 매스컴을 타고 있다.

기예를 연마한 기생과 젓가락 두들기던 종업원을 어찌 비교하랴. 정찬正餐과 가찬加餐의 규례대로 정교하게 차려내는 교방음식과 방석집 음식을 어찌 비교하랴. 더이상 니나놋집에서 교방음식을 찾는 우를 범하지 말라. 교방 꽃상, 더 나아가서는 진주 교방문화에 대한 결례일지니.

7장

책 속에 맛이 있다

팔도의 명물을 총집합시킨 고전 소설 속 주안상

경상우도 육군을 총지휘했던 진주성 병마절도영은 행정관청인 진주목아牧衙에 비해 다섯 배 정도나 규모가 컸다. 병마절도사 소속의 관속만 3천 명이 넘었다. 병사의 행차는 장관이었다.

"납신다!"하면 100명의 취타수가 태평소와 나발을 불고 북과 징, 대포소리가 하늘을 찌른다. 200명의 기수군이 깃발을 들고 호위하며 삼반관속(지방 관아 소속의 하급 관리들)이 일제히 땅에 엎드려 절한다.

수령이 속현을 둘러보는 순력巡歷이다. 이 순력이야말로 조선시대의 병폐 중 하나였다. 가는 곳마다 화포火砲를 터뜨려 백성들을 놀라게 하는가 하면 다담상의 음식 중 하나라도 간이 맞지 않거나 식은 것이 있으면 곤장을 쳤다. 다산 정약용은 순력 때 차려놓는 수령의 밥상 규모가 중국 황제의 밥상의 열배나 된다고 지적하기도 했다.

고전소설 속 주안상
팔도의 명물을 총 집하시
음식
진주

백성의 허기, 허구로 살아나다

<흥부전>, <이춘풍전> 등 조선시대 작자미상의 고전소설에 등장하는 주안상에는 조선 팔도를 통틀어 최고의 안주들을 차려놓았다. 백성의 허기가 허구로 되살아난다. 순력을 통해 보고 들은 것들을 총망라한 것이리라.

생률, 접은 준시, 은행, 대추, 청포도, 흑포도, 머루, 다래, 유자, 석류, 능금, 참외, 수박 등 계절이 각기 다른 과일이 십 수 개가 올라있다. 술은 무려 열 종이나 기록되어 있다. 이태백의 포도주며 도연명의 국화주, 안기생의 과하주, 석 달 열흘 백일주며, 소주, 황소주, 일년주, 계당주, 감홍로, 연엽주 등 작가의 욕망이 덧입혀졌다.

진안주로 오른 음식은 교방음식 그대로다. 생선찜, 생치연계찜, 홍합초, 전복초, 생선회에 겨자. 초장, 생청(벌집에서 그대로 떠낸 토종꿀)을 촘촘히 놓았다. 천엽과 간을 돌돌 말아 잣을 박은 갑회가 등장하는가 하면, 낙지연포탕에는 콩기름에 버무린 시금치로 고명을 올리고 각종 구이, 탕에 어포육포도 차린다. 갈비찜과 양지머리, 차돌박이도 부족해 전골까지 들인다.

우리 음식은 참으로 다양하고 좋은 약이다. 그러나 한식진흥원이 외국인을 대상으로 조사한 한식선호도 조사에서 1위에 오른 것은 한국의 치킨이었다. 우리의 격조 높은 전통 음식들은 보다 길거리 음식이 한식으로 둔갑하고 있는 것은 보급화의 문제일 것이다.

개탄할 일이다. 진주교방음식이 고급 한식의 세계화를 지향하는 새로운 물결이 되었으면 하는 바람이다.

이인좌의 난과 간장게장

"인삼은 전하께 독이 되오니 거두어 주옵소서!!"

연잉군은 막무가내였다. 어의御醫들이 안절부절 읍소했지만 오히려 어의들을 꾸짖어가며 인삼부자탕을 연거푸 세 번이나 올렸다. 애당초 연잉군이 이복 형 경종임금께 간장게장과 생감을 올린 것이 사달이었다. 게와 감은 서로 상극이다. 감의 탄닌 성분이 게의 단백질 소화흡수를 방해해 소화장애를 일으킨다.

임금은 밤에 가슴과 배가 비틀리듯이 아팠다. 고열과 설사로 사경을 헤맸다. 그러나 연잉군은 어의들의 의견을 무시한 채 인삼부자탕을 고집했다. 의심을 받을 만도 했다.

장희빈의 아들 경종은 닷새 만에 승하하였고, 무수리 최씨가 낳은 연잉군이 왕위를 잇는다. 영조다.

"경종 임금이 흉계에 의해 게장을 드시고 급히 서거하셨음을 통탄한다!"

간장게장
'이인좌의 난', 과
진주
홍계에 의해
게장을 드시고
급히 서거하셨음을
통탄한다.

벽서가 나붙기 시작했다. 이인좌, 정희량 등이 주도했다. 백정, 노비, 승려들까지 인구의 절반이 가담했다. 그러나 이 미완의 혁명은 관군에 의해 제압되었고 반란을 지지했던 남명학파의 진주는 반역향으로 낙인이 찍힌다.

광해군을 임금으로 추대하여 정권을 잡았던 진주의 남명학파는『인조반정』이후 실각했고,『이인좌의 난』을 계기로 중앙 진출이 막혀 버린다.

조선 전기, 진주권의 문과 급제자 241명이 후기에 들어서는 144명으로 백 명 가량이나 줄었다. 안동이 180명에서 446명으로 대폭 증가한 것과 대조적이다. 이러한 역차별은 조선조 내내 계속됐다.

『이인좌의 난』이후 남명학파는 초토화됐다. 사건에 연루된 선비들은 처형되었고, 역모의 사실을 알고도 모른 척 한 이들까지 색출하여 처벌했다. 살아남을 수 있는 방법은 집권세력과 타협하는 것이었다.

사대부 중 재력을 갖춘 자들은 아예 벼슬을 등진 채 풍류로 시간을 보냈다. 집권세력의 표적에서 벗어나기 위한 방편이었다. 진주의 교방문화는 이렇듯 파란중첩의 역사를 배경으로 발달했다.

『이인좌의 난』이후, 진주에서는 임금이 드시고 승하하신 간장게장을 금기시했다. 산 게를 된장에 박아 된장게장을 담았다. 진주에 전래되어온 된장게장을 담는 풍속에는 진주가 걸어온 아픈 역사가 숨어있다.

한일 간 음식교류의 통로, 조선통신사

호왕호래好往好來. 잘 다녀오라. 늙은 왕은 사신들에게 네 글자가 적힌 편지를 건넸다. 임금은 다시금 목이 메고 치가 떨렸다. 150년 전, 감히 이릉二陵(성종과 중종의 무덤)을 훼손한 저들을 어찌 용서할 수 있단 말인가. 그러나 나라를 위해서는 외교의 문을 열 수밖에 없었던 칠순의 영조임금.

조선통신사는 1428년부터 1811년까지 조선의 왕이 일본의 최고통치자인 막부幕府(무사정권)의 쇼군將軍(통치자)에게 보낸 외교사절이다.

일행이 한양을 출발해 부산항에 도착하기 전, 통신사들이 지나는 고을은 떠들썩한 연회준비가 시작됐다. 이틀 사흘씩 기생과 음식, 물건과 돈을 바쳤다. 연회가 끝난 자리엔 사람과 음식이 난무하였다. 이렇게 큰 잔치는 이웃 고을들이 함께 치렀고 교자상마다 80기의 그릇이 올랐다. 연향이 파하면 다시 새 밥상을 들였다. 1763년 8월 통신사 김인겸이 기록한 〈일동장유가〉의 내용이다.

조선통신사
음식
진주
한일 간 음식 교류의 통로
조선통신사

과일떡과 고기, 가는 회와 따뜻한 전복

영남의 열 두 고을에서 지공(음식 따위를 대접하여 받듦)했다. 오백냥이나 되는 큰 돈이었다.

영천의 아전과 기생들이 일행을 맞았고, 창원에서 지공을 마치면 칠원(함안)이 기다렸다. 웅천(창원), 거창, 현풍, 곤양(사천)도 차례로 지공했다.

이날 연회에는 코스별 일곱 고을 수령들이 참석했다. 기장과 웅천, 현풍을 제외하면 거창부사, 곤양군수, 초계군수, 합천군수 등 진주목 수령들이었다. 경상도 기생 백여 명과 서너 패의 악사들도 모였다. 통신사를 위한 연회상에는 갖은 실과를 넣은 만경떡과 부드러운 고기, 가는 회. 벙거지골(전골), 삶은 전복, 과일은 감과 배가 올랐다.

조선통신사는 문화와 예술로 평화와 공존의 시대를 열었다. 이후 메이지유신으로 막부가 무너지면서 일본은 더 이상 통신사를 요청하지 않았고 200년간의 우호관계도 막을 내린다.

통신사는 한일 간 음식교류의 통로였다. 쓰시마섬의 고구마가 구황식품으로 조선에 전래되어 보릿고개 백성들을 살렸다. 19세기 궁중 조대비의 육순잔치에 왜찬합이 올랐고 부산 왜관을 통해 들어온 '승기악탕'은 연회상의 으뜸이 되었다.

화합이 외교의 화두가 되는 이때, 진주성 전투에서 일본으로 건너간 조선의 두부를 주제로 진주시와 일본 고치시高知市 간의 음식 교류 행사를 개최했으면 하는 바람이다.

취하지 않으면 집에 못 간다: 정조의 금주령 해제

7년 전쟁이었다. 임진왜란이 휩쓸고 간 자리, 인구는 절반으로 줄었고 농지의 80%가 황무지가 되었다. 경복궁 화재로 노비문서와 토지대장도 사라졌다.

국정 최고 기관인 비변사에서는 『여민휴식與民休息』을 선포했다. "국민과 같이 휴식하며 안정 속에 힘을 기른다"는 조선판 뉴딜이었다. 조선이 반세기만에 복구되자 음식사치는 지위 고하를 막론하고 확산되었다.

그러나 이러한 풍조는 오래가지 못 했다. 몇 년 후 대기근으로 인구 약 100만이 굶어죽는 초유의 사태가 발생한 것이다. 대기근은 1660년 경술년에서 1661년 신해년에 끝났다. 가뭄이 끝나자 폭우가 쏟아졌으며 6차례의 태풍으로 백성들은 터전을 떠나 유랑민이 되기도 했다.

정조의 금주령 해제
취하지 않으면 집에 못 간다

53년간 재위했던 영조 임금은 철저한 금주령을 내렸다. 어기면 살벌한 형을 내렸다. 술을 빚거나 마시다가 적발되면 고문을 당하고, 유배를 갔으며, 참수를 당한 자도 있었다.

무려 십년에 걸친 이 가혹한 금주령은 정조대에 해제되었다. 우후죽순처럼 술집이 들어서기 시작했다. 한양 상점의 절반이 술집이었다.

정조는 소통을 강조했던 군주였다. 신하들과 잦은 회식을 가졌다. "취하지 않으면 집에 못 간다不醉無歸"는 정조의 어명이었다. 술 빚을 곡식을 걱정하지 않는 부강한 나라를 만들겠다는 의지였을 것이다.

술은 더 이상 죄악이 아니었다. 술과 같이 차려지는 진주교방음식이 본격적으로 발달한 시기도 이 즈음으로 본다.

주안상에 오른 멧돼지와 곰고기, 어포와 누치탕

진주 관아에는 매우 다양한 종류의 술이 있었다. 잣술, 후추술 같은 희귀한 술도 기록돼 있다.

공식적인 술은 소주였고 여름에는 주로 차게 마시는 막걸리인 합주였다. 진주 소주는 원래 민가의 양조장에서 빚어 관아에 공물로 바치던 품목이었다. 1909년 일제는 주세법을 제정해 민간의 술 빚기를 금했고 진주 고유의 소주대신 영남학嶺南鶴이라는 술을 제조해 인기를 끌기도 했다.

18세기 잔칫상에는 붉은 대추와 꿀로 소를 넣은 송편, 따뜻한 연근 감자조림. 하얗게 분이 나는 준시가 있었다. 마른 전복에 꿀과 참기름, 간장을 넣어 조린 투명한 감복도 올랐다. 멧돼지 고기와 곰고기, 넙치로 만든 어포와 누치 생선탕도 귀한 술안주였다.

교방음식에는 술이 필수다. 본 재단에서는 고증을 통해 진주 전통주를 곁들인 교방음식 코스를 개발 중에 있다. 그릇은 관아에 납품하던 함양 꽃부리징터의 맞춤 유기다. 천 번을 두드려 만든다. 수저와 유기가 부딪칠 때 들리는 청아한 소리가 긴 여운으로 남는다. 함부로 모방할 수 없는 천년 고도 진주 교방음식이 『한식 세계화』의 큰 울림이 되길 기원해 본다.

잡채, 더덕, 개고기, 왕실을 사로잡다

실로 황홀한 맛이었다. 한효순(1543~1621)의 집에서는 더덕으로 밀병을 만들었고, 이충(1568~1619)은 땅속에 큰 집을 지어 기른 채소에 다른 맛을 가미하였다. 광해군은 이충이 가져오는 진귀한 음식이 아니면 수라를 들지 않았다. 침채 정승에 잡채 판서까지 등장했다. 중종 임금 때는 개고기를 뇌물로 바쳐 요직을 차지한 이팽수 같은 이도 있었다. 그의 별명은 개고기 주사(대통령 비서실의 6급 주무관 정도의 직급)였다. 크고 살찐 개를 잡아 개고기 마니아였던 좌의정 김안로(1481~1537)에게 구이犬炙를 바쳤다.

조선 후기 진주 관아에서 개고기는 마리당 5돈이었다. 개 한 마리를 바치면 세금 5돈을 납부한 셈이다. 5돈은 갈비 2짝 값과 맞먹을 만큼 큰 금액이었다.

다산 정약용도 개고기를 즐겼다. 다산에게 개고기 조리법을 전수한 장본인은 실학자 박제가(1750~1805)였다.

왕실을 사로잡다
잡채 더덕

정승댁 노비는 국수를, 판서댁 말은 약과를

인정人情이라는 말은 뇌물을 뜻했다. 뇌물을 많이 주는 것을 인정이 많다고 했다. 뇌물은 약과에서 시작해 관료들의 부패가 점점 심해지자 잡채, 김치, 더덕, 국수, 산삼, 고기포로 수위를 높인 찬합들이 오갔다.

정승댁 노비는 국수를 먹고, 판서댁 말은 약과를 하도 먹어 물렸다. 산삼을 기대했는데 고작 약과라니. "이건 약과야!"도 뇌물에서 유래됐다.

조선의 관리들은 추천인이 있어야만 연임할 수 있었다. 진주 수령들은 중앙에서 관리가 내려올 때마다 최고의 만찬으로 접대했다. 진주라 천리 길. 대궐과 거리감이 있었기에 가능했다.

더덕은 모래밭에서 나는 인삼이라 하여 사삼沙蔘으로 불렀다. 한효순의 더덕 밀병은 더덕정과다. 이충의 뇌물은 조선잡채다. 조선잡채는 진주 사대부들의 중앙 진출이 왕성했던 광해군 재임기에 진주로 전파되어 맛에 맛이 더해진 것으로 판단된다.

조선잡채는 진주 사대부들의 중앙 진출이 왕성했던 광해군 재임기에 진주로 전파되어 맛에 맛이 더해진 것으로 판단된다. 조선잡채는 당면 없이 소고기 편육, 고사리, 죽순, 전복 등을 골패 모양으로 썰어 겨자즙으로 무쳐낸다. 하루 전, 양념을 숙성시켜 잔치 때 바로 무쳐 상에 올리면 쉽게 상하지 않고 아삭한 식감을 즐길 수 있다. 산해진미의 재료들을 꽃처럼 돌려 담은 조선잡채는 한양 관리들의 시선을 사로잡고 미각을 깨웠다.

17세기의 잡채는 여간 비싼 음식이 아니었다. 고조리서 〈음식디미방〉의 잡채에는 20여 가지 재료와 7가지 양념이 들어간다. 오이채, 무, 댓무, 참버섯, 석이, 표고, 송이, 생 숙주, 도라지, 거여목, 박고지, 냉이, 미나리, 파, 두릅, 고사리, 승검초, 동아, 가지, 꿩이다. 동아와 도라지에는 맨드라미나 머루의 붉은 물까지 들여 모양을 냈다. 된장을 풀고 밀가루와 다진 꿩고기, 참기름을 넣어 끓인 소스에 버무렸다. 뇌물로 바치기에 충분했다.

05

송나라로 떠나는 교방음식 기행

양고기 버거, 연잎 만두, 자소紫蘇(붉은 깻잎)를 넣은 생선, 철갑상어알 젓갈, 잉어식해, 과일을 설탕에 졸인 탕후루, 밀가루를 넣어 걸쭉하게 끓인 고기야채탕.

900년 전, 송나라의 수도 카이펑은 불야성의 도시였다. 북송 시대의 풍물을 그린 〈동경몽화록東京夢華錄〉에는 놀랄 만큼 다양한 송나라 음식들이 등장한다. 송나라는 당나라에 이어 중국 역사상 가장 세련된 문화를 꽃피운 시기다. 요나라의 침공으로 남쪽으로 쫓겨 가기 전은 북송, 이후는 남송시대다.

요나라를 물리친 고려의 주역은 진주 강씨 강민첨 장군이었고 요나라의 적진으로 들어가 장렬하게 전사한 하공진 장군도 진주 토박이다. 승산리 허씨 가문도 중시조가 개성의 벼슬아치 허옹許邕이다.

고방음식 기행
송나라로 떠나는

교방 제도는 고려시대 송나라에서 처음 도입됐다. 고려가 이를 답습한 것은 팔관회와 연등회 같은 국가 잔치 때문이었다. 송나라의 악사가 고려에 머물면서 기녀들을 직접 가르치기도 했다.

수중 공연과 오렌지찜, 최고의 향락 문화

고려의 수도 개경에서 열린 팔관회는 단순한 불교행사가 아니었다. 사흘에 걸쳐 전국에서 관람객이 몰려들었다. 지방 호족들도 상경해 의무적으로 왕에게 예를 갖추어야 했다.

전 세계 무역상들이 몰려든 예성강 벽란도는 고려의 경제특구였다. 코리아라는 이름이 알려진 것도 이때부터다. 고려는 은둔의 왕국 조선보다 훨씬 개방적인 나라였다. 실크로드를 따라 건너온 이슬람 회족回族들도 고려 왕실과 접촉했다. 남녀의 방탕한 애정 행각을 그린 고려가요 〈만전춘〉은 '만두가게에 만두를 사러 갔더니 회족 아비가 손목을 잡았다'는 구절로 시작한다.

고려는 동서양의 음식문화가 섞인 시기였다. 고려와 교류했던 나라는 대식국大食國(아라비아), 마팔국馬八國(인도), 섬라곡국暹羅斛國(태국), 교지국交趾國(베트남) 등 다양했다.

교방음식의 원류 역시 폐쇄적인 조선의 궁중음식이 아닌 고려의 팔관회였고, 더 멀리는 송나라의 연회 음식이었다. 교방은 당나라에서 시작된 문화다. 통일신라와 교류가 있었을 것으로 보이나 문헌은 발견되지 않았다. 당나라를 계승한 송나라 음식은 서양과 동양의 만남인 퓨전이었다.

황제의 연회는 백성들도 관람할 수 있었다. 교방의 악사와 기생들은 물 위에서 그네를 타며 수중 공연을 했다. 황제가 술 한 잔을 내릴 때마다 안주는 두어 가지가 갖춰졌다. 술을 아홉 번 돌리는 특별한 연회에는 안주가 다섯 가지나 되었다. 감귤의 속을 파내 양념한 게살을 넣어 쪄낸 오렌지찜 같은 향긋한 음식들이었다. 진주 사대부들의 술자리 예법인 6배 5미(술은 여섯 번 돌리고 안주는 다섯 번에 걸쳐 내는 예법)도 송나라에서 건너온 문화다.

송나라와 고려의 교방 음식은 진주 토산물을 이용해 변천과 정착의 과정을 거쳤을 것이다. 역사, 사회, 문화에 걸쳐 보다 탄탄한 연구가 뒷받침 되어야 한다. 그것이 교방문화의 본산지로서 진주의 위상을 지켜내는 길이다.

곰 발바닥을 좋아하세요?

볶은 젓갈 순오淳熬, 볶은 젓갈을 기장밥에 얹고 기름을 친 순모淳母, 돼지와 산 양의 배를 대추로 채운 포장炮牂과 포돈炮豚, 돼지를 통째로 구워 잘게 찢은 도진擣珍, 볶은 음식 오熬, 물에 담근 지漬, 개의 간인 간료肝膋이다. 다른 종류로는 용의 간龍肝, 봉황의 골鳳髓, 토끼의 태兎胎, 잉어 꼬리鯉尾, 구운 독수리鶚炙, 곰발바닥熊掌 등을 이르기도 한다.

현대인들에겐 해괴한 음식들이다. 팔진미라는 것들이 입을 대지 못 할 정도다.

음식도 시대를 따라 변해왔다. 현재 중국에서는 회를 먹지 않는다. 그러나 맹자는 가늘게 썬 회를 즐겼다. 미식가였던 소동파는 목숨과도 바꿀 것으로 복어회를 칭송해 마지 않았다.

좋아하세요?
곰 발바닥을
진주

중국뿐 아니다. 우리나라 최초의 고조리서 <산가요록>에는 초맛 고치는 법醫酢法으로 수레바퀴에 끼인 흙먼지를 한 움큼 항아리에 넣으라고 일러준다. 납득할 수 없는 방법이다.

진주에서도 비슷한 예가 있었다. 상처에 장롱 위 먼지를 붙이면 신기하게 나았다고 한다. 이런 처방을 농마금이라고 불렀다.

조선시대 최고의 음식이었던 곰발바닥은 아무나 구경조차 못 할 만큼 귀했다. 임진왜란 기간 동안의 피란생활을 기록한 오희문의 <쇄미록>에도 곰발바닥은 당시 최고의 명성을 얻은 음식이었다. 사대부 오희문은 '아침 식사 전에 곰발바닥을 구워서 아이들과 먹었는데 맛이 아주 좋았다. 역시 명성은 그냥 얻어지지 않았다. 한 개는 감춰두고 자정이 오기를 기다렸다.'고 했다. 1559년의 기록이니 명의 허준이 활동하던 시기다.

곰발바닥은 음식디미방에도 기록되어 있다. 석회 물에 담갔다가 털을 뽑고 장작불에 푹 고은다. 맛을 차치하고라도, 재료 자체가 현대인들에겐 썩 내키지 않는다.

복원이냐 재현이냐의 문제

현재까지도 준행되는 제사의 규례는 송나라의 예법인 <주자가례>에 따른 것이다. 선비士의 제사에는 개고기를 올리고 노루고기, 토끼고기, 말밤씨도 제물이다.

그러나 주자가례의 재료들은 송나라의 환경에 맞춰진 것이라 국내에는 없는 재료가 많아 성균관 석전제례에도 대용하고 있다. 노루고기는 소고기로, 토끼고기는 돼지의 간으로, 말밤씨는 은행, 개암열매는 잣으로 올린다.

복원과 재현이 완벽한 것은 진주화반이다. 화반은 적어도 백년 이상의 전통 그대로를 복원했다. 진주에서 내로라하는 사대부가의 후손들이 현재 90대 노유분들이다. 어린 시절, 조부모님께서 장만해 주시던 화반의 맛을 두고두고 일러주셨다. 놀랍게도 화반의 레시피는 나물 손질법이 규합총서의 내용과 일치했다.

날 것을 먹지 않는다는 중국이지만, 중국 시안성에서 열린 제1회 『한국음식문화관광전』에서도, 중국 언론인단 만찬회에서도 육회를 올린 진주화반은 인기를 끌었다. 시식회에 참석한 중국 고위층들이 "하오치!(好吃맛있어요)"를 연발할 때마다 나는 가슴이 웅장해지곤 했다.

서른 해 동안 천 번도 더 넘게 만들어본 진주화반. 화반만큼은 복원 그대로가 가장 맛있다.

교방꽃상

박미영의
교방음식 이야기

교방꽃상

초판 1쇄 발행 2024년 7월 23일

지은이 박미영
펴낸이 박미영
펴낸곳 재단법인 한국음식문화재단
등록 제2022-000009호
주소 서울 서초구 사평대로26길 9-3
전화 02-547-5665
전자우편 kfcf@kfcf.co.kr
홈페이지 www.kfcf.co.kr

기획·편집 김경은
디자인 쏘파트너스 정희석, 권선화
일러스트 김도윤

ISBN 979-11-979376-0-6
정가 22,000원